調べようごみと資源 4

家電・スマホ・電池・自動車

監修：松藤敏彦　北海道大学名誉教授　　文：大角修

4 家電・スマホ・電池・自動車

もくじ

くらしと便利《べんり》な機械《きかい》

家電製品《かでんせいひん》や乗用車 ……… 4

昔の道具と今の機械《きかい》

冷蔵庫《れいぞうこ》でくらべてみると ……… 6

大型《おおがた》の家電製品《かでんせいひん》のリサイクル

家電リサイクル法《ほう》のしくみ ……… 8

家電リサイクル施設《しせつ》

全国の施設《しせつ》でリサイクル ……… 10

洗《せん》たく機《き》のリサイクル

衣類乾燥機《いるいかんそうき》もリサイクル ……… 12

テレビのリサイクル

薄型《うすがた》テレビがふつうに ……… 14

エアコンのリサイクル

冷媒《れいばい》の回収《かいしゅう》が大事 ……… 16

冷蔵庫《れいぞうこ》のリサイクル

断熱材《だんねつざい》からも冷媒《れいばい》をのぞく ……… 18

家電のエコデザイン

リサイクルしやすい製品《せいひん》づくり ……… 20

小型家電《こがたかでん》リサイクル法《ほう》

電気・電池を使う製品《せいひん》の
ほぼすべてが対象《たいしょう》 …… 22

小型家電《こがたかでん》には資源《しげん》がいっぱい

都市鉱山《としこうざん》ってなに？ …… 24

スマホのリサイクル

急増《きゅうぞう》した通信機器《つうしんきき》 …… 26

パソコンのリサイクル

大事な都市鉱山《としこうざん》のひとつ …… 28

いろいろな電池

使い道によって多くの種類《しゅるい》 …… 30

電池の出し方とリサイクル

有害物質《ゆうがいぶっしつ》が
ふくまれているものもある …… 32

自動車の数

自動車の生産《せいさん》・使用とリサイクル …… 34

自動車のリサイクル

どのようにリサイクルされるのか …… 36

自動車のエコデザイン

自動車の３Ｒ《スリーアール》 …… 40

もっとくわしく知りたい人へ …… 42

全巻《ぜんかん》さくいん …… 45

くらしと便利《べんり》な機械《きかい》

家電製品《かでんせいひん》や乗用車

くらしをかえた工業製品《こうぎょうせいひん》

今の家には炊飯器《すいはんき》、冷蔵庫《れいぞうこ》、洗《せん》たく機《き》、テレビなど、いろいろな家庭電化製品《かていでんかせいひん》（略《りゃく》して家電製品《かでんせいひん》）や自家用車があります。それらが日本で広まったのは、今から60年ほど前の1960（昭和《しょうわ》35）年ごろからです。

そのころから10数年にわたり、工業・商業などの産業《さんぎょう》が急速に発展《はってん》して、工業製品《こうぎょうせいひん》が大量《たいりょう》につくられ、家庭で使われるようになりました。

それとともに、はじめは大変高価《たいへんこうか》だった工業製《こうぎょうせい》品《ひん》の値段《ねだん》がどんどん下がり、買いやすくなりました。また、性能《せいのう》やデザインを改良《かいりょう》した新製品《しんせいひん》が次々に発売され、まだ使えるものでもすてて買いかえることが多くなりました。

こうして大量生産《たいりょうせいさん》・大量消費《たいりょうしょうひ》・大量廃棄《たいりょうはいき》（ごみにすること）の時代がはじまりました。

1965（昭和《しょうわ》40）年ころは「3C《シー》」といって、クーラー（Cooler）のついた家で、カラーテレビ（Color TV）を見て、自家用車（Car）で出かけるのが夢《ゆめ》という人がたくさんいたのよ。

家電製品《かでんせいひん》と自家用車の広まり方

洗《せん》たく機《き》、テレビなどの家電製品《かでんせいひん》は、1960年から1970年ころにかけて急速に広まった。

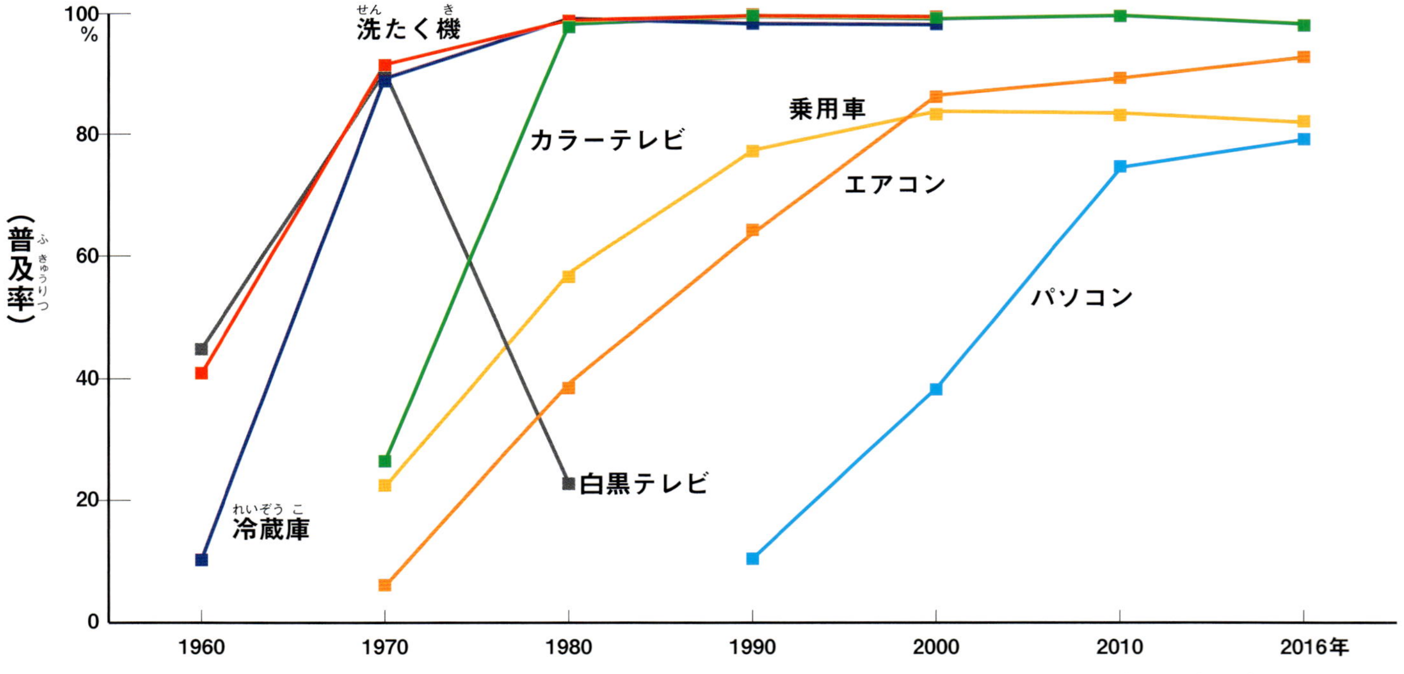

主要耐久消費財の世帯普及率の推移（内閣府）より作成

家電製品《かでんせいひん》が普及《ふきゅう》する前は

今のように便利《べんり》な家電製品《かでんせいひん》ができる前は、ご飯《はん》をたくのも、洗《せん》たくをするのも、とても時間がかかった。電話も、家にある１台を家族みんなで使った。スイッチひとつで動く便利《べんり》な機械《きかい》が広まったことで、人々のくらしは大きく変《か》わり、電気の使用量《しようりょう》がふえ、金属《きんぞく》やプラスチックなどさまざまな素材《そざい》が使われるようになった。

昔は

羽釜《はがま》　ご飯《はん》をたくのに、まきやガスで火をおこして、釜《かま》でたいた。

洗《せん》たく板《いた》とたらい　洗《せん》たくは、たらいと洗《せん》たく板《いた》を使って手で洗《あら》っていた。

黒電話　電話も、今のように持ち運べるものではなく、外出先では公衆電話《こうしゅうでんわ》を使った。

今は

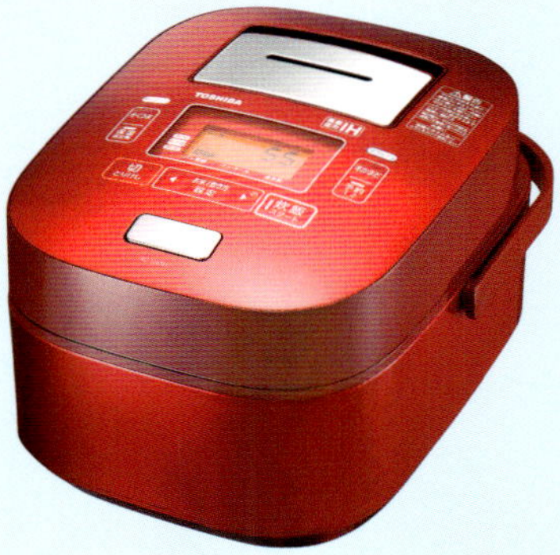

炊飯器《すいはんき》　スイッチひとつでご飯《はん》がたけるようになった。

洗《せん》たく機《き》　スイッチひとつで、乾燥《かんそう》までしてくれるものもある。

スマホ　電話だけでなく、便利《べんり》なツールやゲーム、音楽、動画まで楽しめるようになった。

昔の道具と今の機械《きかい》

冷蔵庫《れいぞうこ》でくらべてみると

電化され、しくみも複雑《ふくざつ》に

下の写真は、昔の木製冷蔵庫《もくせいれいぞうこ》と今の電気冷蔵庫《でんきれいぞうこ》です。木製冷蔵庫《もくせいれいぞうこ》は中に氷を入れて冷《ひ》やすしくみで、電気は使いません。木箱の内側《うちがわ》に、熱《ねつ》をさえぎる断熱板《だんねつばん》をはりつけただけなので、しくみはかんたん。じょうぶで長持ちしました。

今の電気冷蔵庫《でんきれいぞうこ》はしくみが複雑《ふくざつ》で、故障《こしょう》するとかんたんには修理《しゅうり》できません。そのため、修理《しゅうり》せずに買いかえることが多くなりました。

いろいろな素材《そざい》を使うように

昔の木製冷蔵庫《もくせいれいぞうこ》に使われたのは木や金属《きんぞく》だけでしたが、今の電気冷蔵庫《でんきれいぞうこ》には、鉄や銅《どう》などの金属《きんぞく》やプラスチックなどの素材《そざい》でできた、たくさんの部品が使われています。

そのため、いらなくなってごみとして出された電気冷蔵庫《でんきれいぞうこ》をリサイクルするときには、資源再生《しげんさいせい》施設《しせつ》に運び、部品を取りはずして、資源《しげん》となる素《そ》材《ざい》ごとに細かく分けます。

木製冷蔵庫《もくせいれいぞうこ》と電気冷蔵庫《でんきれいぞうこ》をくらべると

木製冷蔵庫《もくせいれいぞうこ》は氷で冷《ひ》やすが、電気冷蔵庫《でんきれいぞうこ》は電気と冷媒《れいばい》を使う。

氷を入れる
断熱板《だんねつばん》
野菜《やさい》や肉など
を入れるたな

電気を使わなかった昔の冷蔵庫《れいぞうこ》　上の部屋《へや》に氷を入れて冷《ひ》やした。

電気冷蔵庫《てんきれいぞうこ》は冷凍室《れいとうしつ》で氷をつくるけど、木製《もくせい》冷蔵庫《れいぞうこ》の氷は、買わないといけなかったのよ。

今の冷蔵庫《れいぞうこ》　大きさ、色などがちがう製品《せいひん》が豊富《ほうふ》にある。冷凍室《れいとうしつ》・野菜室《やさいしつ》などに細かくわかれて、温度を設定《せってい》できる。機能《きのう》が多様でつくりも複雑《ふくざつ》になり、部品も多くなっている。

電気冷蔵庫《でんきれいぞうこ》のおもな部品と冷《ひ》やすしくみ

おもな部品

コンデンサー（放熱器《ほうねつき》） 冷媒《れいばい》の熱《ねつ》を外ににがし、冷媒《れいばい》の温度を下げる。冷媒《れいばい》とは熱《ねつ》をやりとりするための気体や液体《えきたい》のこと。

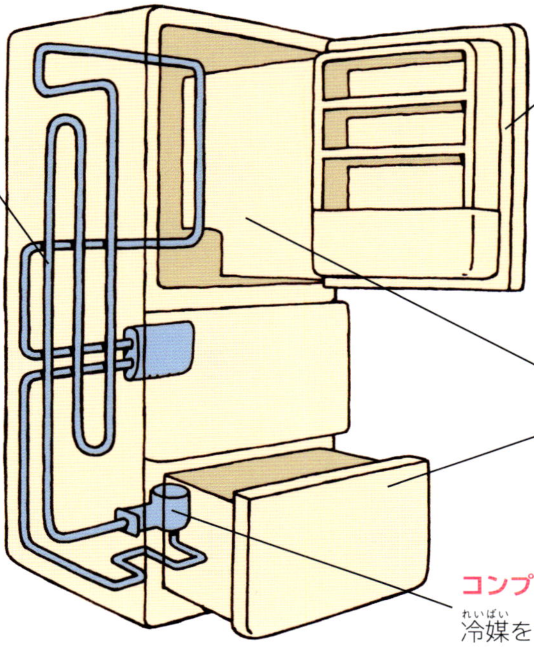

ドアパッキン 空気がもれないようにする。

キャビネット 冷《ひ》やすものを入れる。

コンプレッサー 冷媒《れいばい》を圧縮《あっしゅく》する。

冷蔵庫《れいぞうこ》が冷《ひ》えるしくみ

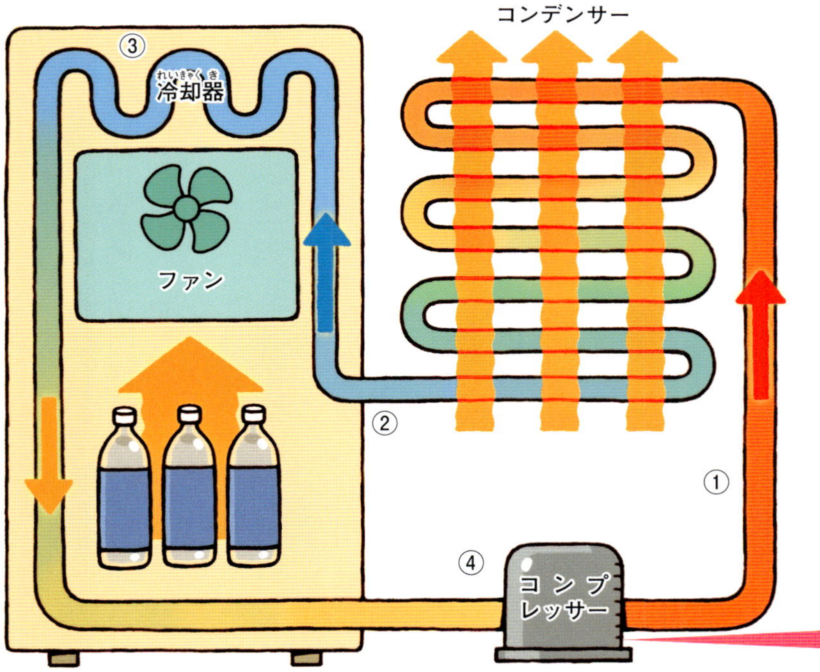

コンデンサー
③
冷却器《れいきゃくき》
ファン
②
①
④
コンプレッサー

冷蔵庫《れいぞうこ》にもエアコンにも、長い間、冷媒《れいばい》にフロン類《るい》が使われていたの。でも地球のオゾン層《そう》を破壊《はかい》したり、そのかわりに使われた冷媒《れいばい》が地球温暖化《ちきゅうおんだんか》を進めるとわかり、今ではそれまでとは別《べつ》の冷媒《れいばい》が使われていますよ。

①冷媒《れいばい》はコンプレッサーでおしちぢめられると、高温の気体になる。
②コンデンサー（放熱器《ほうねつき》）で熱《ねつ》をにがすと、冷媒《れいばい》は低温《ていおん》の液体《えきたい》になる。
③液体《えきたい》の冷媒《れいばい》が冷却器《れいきゃくき》で気体になる（気化）。このとき、まわりの熱《ねつ》がうばわれるので、冷蔵庫《れいぞうこ》の中が冷《ひ》える。冷気《れいき》はファンで冷蔵庫内《れいぞうこない》に送られる。
④気化した冷媒《れいばい》がコンプレッサー（圧縮機《あっしゅくき》）に送られる。

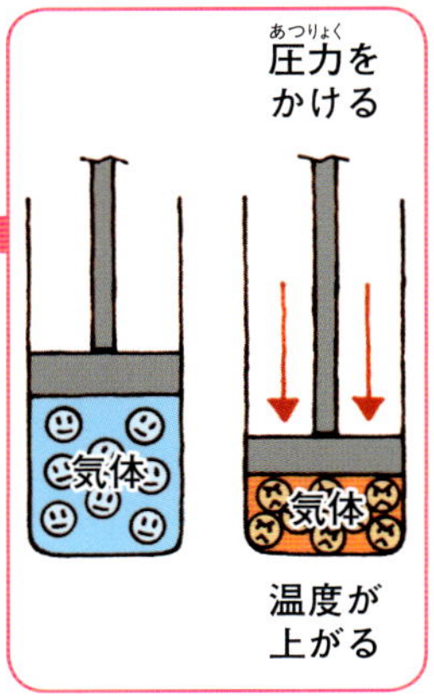

圧力《あつりょく》をかける
気体
気体
温度が上がる

気体に圧力《あつりょく》をかけておしちぢめると高温・高圧《こうあつ》の気体になる。冷蔵庫《れいぞうこ》では、ここととファンをまわすときに電気を使う。

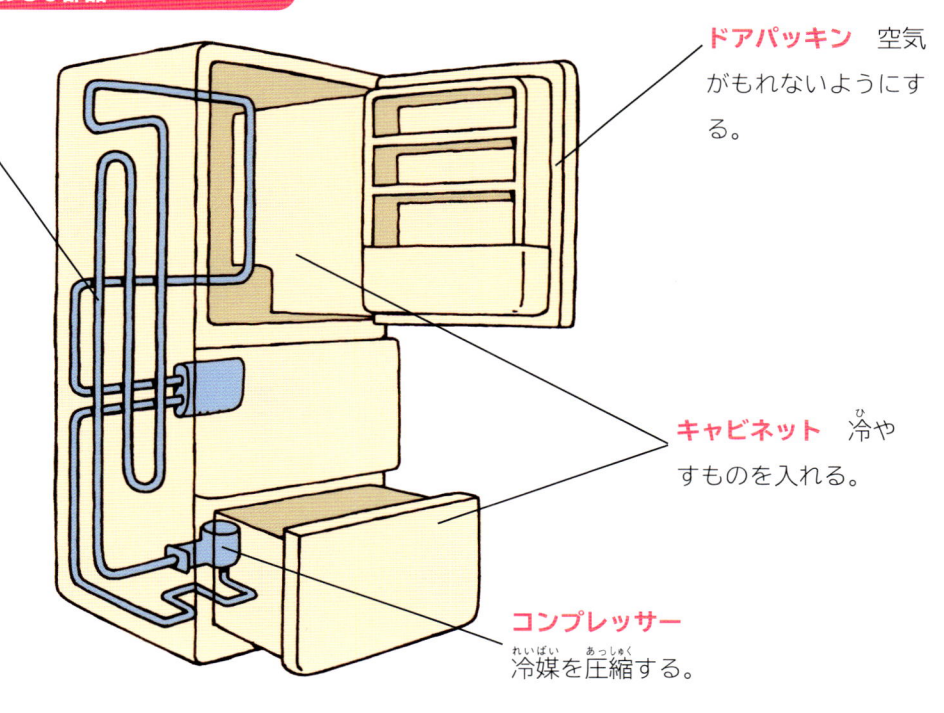

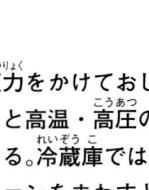

大型《おおがた》の家電製品《かでんせいひん》のリサイクル

家電リサイクル法《ほう》のしくみ

大型《おおがた》の家電製品《かでんせいひん》とは

今では、冷蔵庫《れいぞうこ》、洗《せん》たく機《き》、テレビ、エアコンは、ほとんどの家庭にあります。

昔は、これらの家電製品《かでんせいひん》は粗大《そだい》ごみとして、市町村が収集《しゅうしゅう》していました。くだいて鉄を回収《かいしゅう》しただけでうめたてていました。

しかし、製品《せいひん》が大きく、重くなって、市町村では処理《しょり》がむずかしくなったことや、製品《せいひん》には鉄・アルミ・銅《どう》などの役に立つ金属《きんぞく》がふくまれていることから、リサイクルが義務《ぎむ》づけられました。

家電《かでん》リサイクル法《ほう》とは

洗《せん》たく機《き》・冷蔵庫《れいぞうこ》・エアコン・テレビは、とくに大型《おおがた》で数が多い家電製品《かでんせいひん》です。これらを対象《たいしょう》にリサイクルを義務《ぎむ》づけたのが、2001（平成《へいせい》13）年からはじまった家電リサイクル法《ほう》です。今では、薄型《うすがた》テレビ・乾燥機付《かんそうきつ》き洗《せん》たく機《き》・冷凍庫《れいとうこ》も加《くわ》わりました。この法律《ほうりつ》では、生産者《せいさんしゃ》（メーカー）・販売者《はんばいしゃ》（家電量販店《かでんりょうはんてん》など）・消費者《しょうひしゃ》（わたしたち）にそれぞれ、リサイクルするための役目がわりあてられています。

家電リサイクル法《ほう》の対象家電製品《たいしょうかでんせいひん》と引き取られた台数

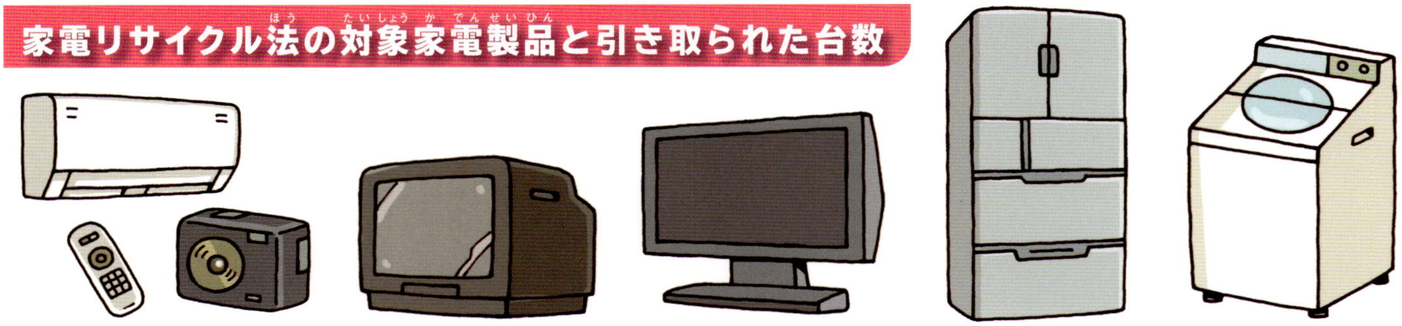

エアコン　ブラウン管式《かんしき》テレビ　薄型《うすがた》テレビ　冷蔵庫《れいぞうこ》　洗《せん》たく機《き》

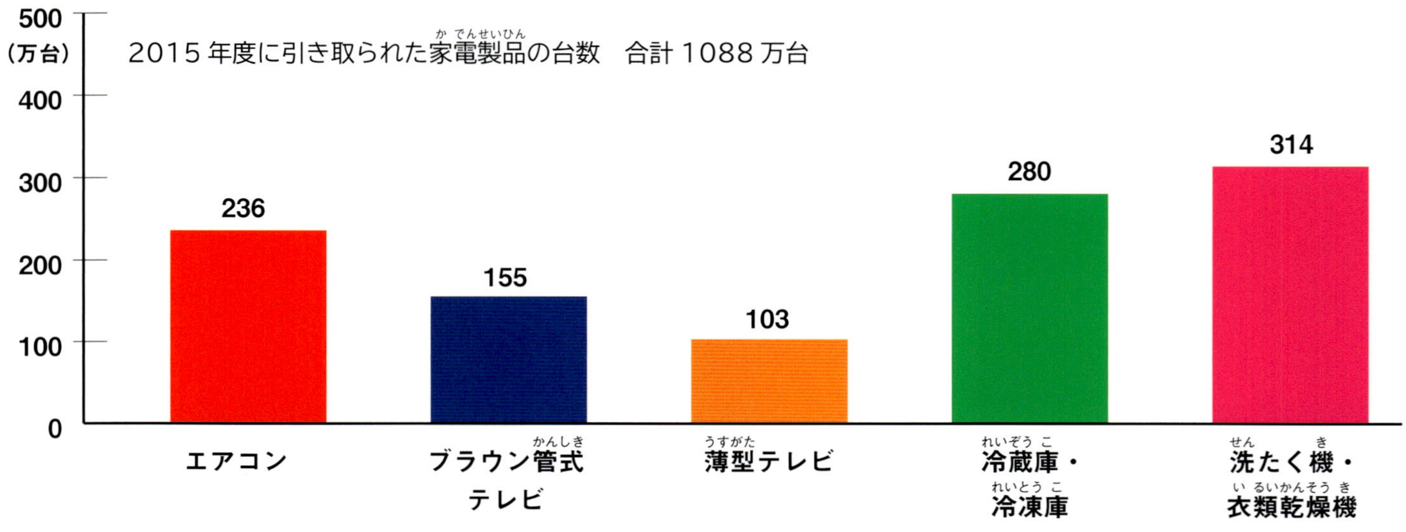
500
(万台)
400
300
200
100
0
2015年度に引き取られた家電製品《かでんせいひん》の台数　合計1088万台
236
155
103
280
314
エアコン
ブラウン管式《かんしき》テレビ
薄型《うすがた》テレビ
冷蔵庫《れいぞうこ》・冷凍庫《れいとうこ》
洗《せん》たく機《き》・衣類乾燥機《いるいかんそうき》

家電製品協会「家電機器の引き取り台数」2015年度より

家電リサイクル法《ほう》のしくみ

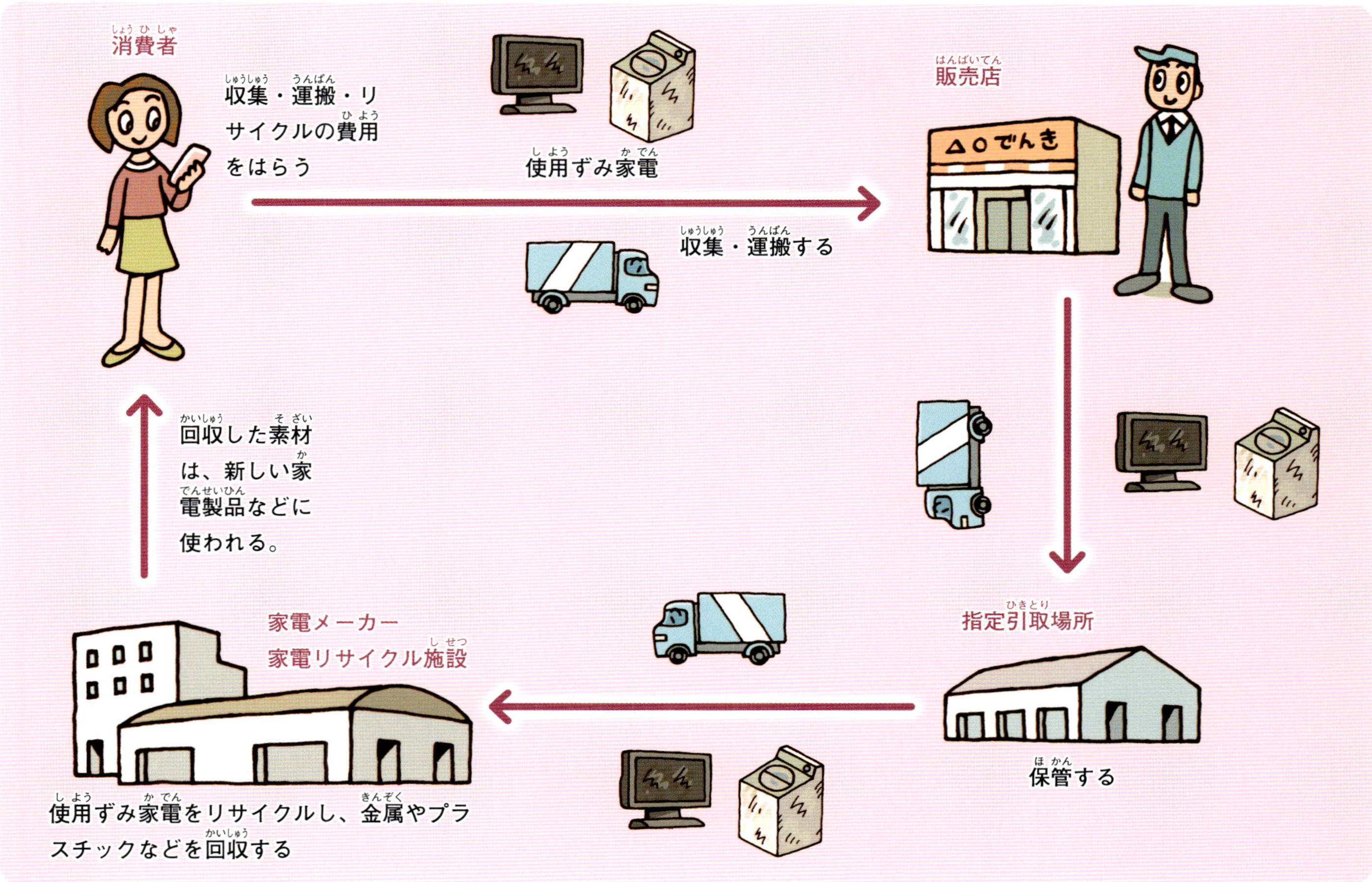
消費者《しょうひしゃ》
収集《しゅうしゅう》・運搬《うんぱん》・リサイクルの費用《ひよう》をはらう
使用《しよう》ずみ家電《かでん》
販売店《はんばいてん》
△○でんき
収集《しゅうしゅう》・運搬《うんぱん》する
指定引取《ひきとり》場所
保管《ほかん》する
家電メーカー
家電リサイクル施設《しせつ》
使用《しよう》ずみ家電《かでん》をリサイクルし、金属《きんぞく》やプラスチックなどを回収《かいしゅう》する
回収《かいしゅう》した素材《そざい》は、新しい家《か》電製品《でんせいひん》などに使われる。

家電製品《かでんせいひん》のリユース

冷蔵庫《れいぞうこ》、テレビ、エアコン、洗《せん》たく機《き》などは引《ひ》っ越《こ》しのときや、故障《こしょう》をしたり、機能《きのう》が満足《まんぞく》できないなどの理由で、まだ使えるのにごみに出されることがある。

その多くは、家電リサイクル法《ほう》で引き取られるが、中古品として売りに出され、リユースされることもある。個人《こじん》でリサイクルショップに買い取ってもらうほか、家々をまわる引き取り業者や引《ひ》っ越《こ》し業者《ぎょうしゃ》によって、リサイクルショップなどの中古品販売業者《ちゅうこひんはんばいぎょうしゃ》にわたされる。

そうした、中古の家電製品《かでんせいひん》を売ったリサイクルショップにも、新品の販売店《はんばいてん》と同じ、引き取りの義務《ぎむ》がある。

もし、中古家電の製造《せいぞう》メーカーがわからない場合や、現在《げんざい》はなくなってしまった場合は、家電製品協会《かでんせいひんきょうかい》に申しこみ、指定の料金《りょうきん》を支払《しはら》って、リサイクルをしてもらうことになる。

リサイクルマート
0120-755-121

リサイクルショップ　不要品《ふようひん》を引き取って販売《はんばい》している。

家電リサイクル施設《しせつ》

全国の施設《しせつ》でリサイクル

全国にある家電リサイクル施設《しせつ》

小売店などで引き取られた使用ずみ家電製品《かでんせいひん》は、指定引取《ひきとり》場所に集められ、保管《ほかん》されます。その後、リサイクル施設《しせつ》に運ばれ、解体《かいたい》して素材《そざい》ごとに分けられ、リサイクルされます。

家電リサイクル施設《しせつ》は、2016年現在《げんざい》で全国に47あります。なかには見学させてくれる施設《しせつ》もあります。

家電のリサイクルには、集まってくる家電製品《かでんせいひん》の保管場所《ほかんばしょ》が必要《ひつよう》です。さらに、解体《かいたい》するための専用《せんよう》の施設《しせつ》も必要《ひつよう》です。そのため、郊外《こうがい》につくられることが多いようです。

家電リサイク
ル施設《しせつ》は全国
にあるよ。

全国の家電リサイクル施設《しせつ》の地方別《ちほうべつ》の数

リサイクルに出される家電製品《かでんせいひん》は、小売店から指定引取《ひきとり》場所に集められ、そこからリサイクル施設《しせつ》に運ばれる。

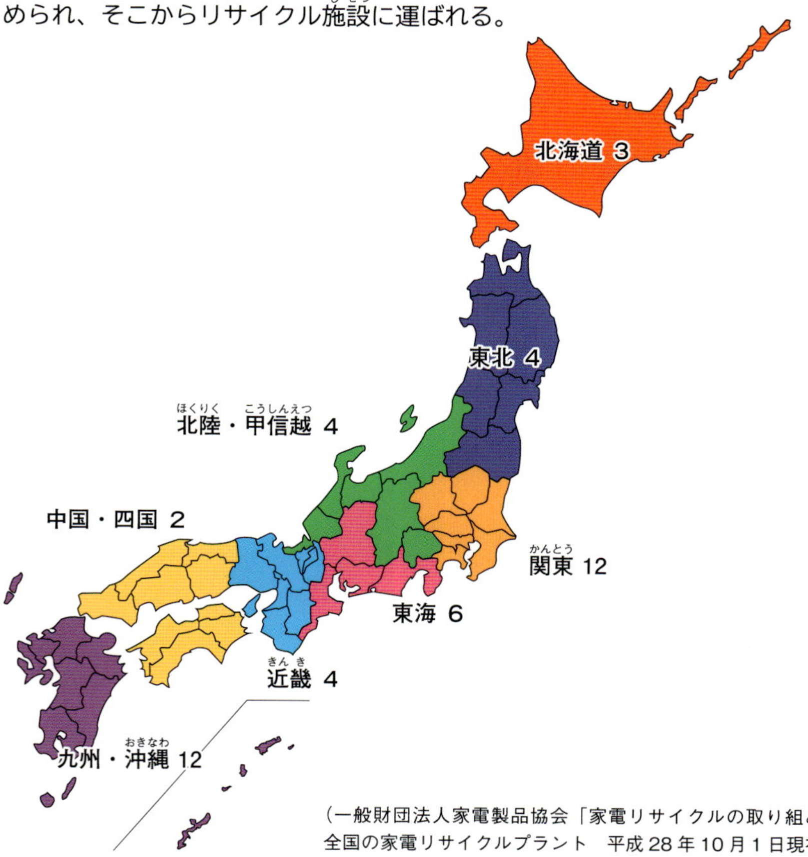
北海道 3
東北 4
北陸《ほくりく》・甲信越《こうしんえつ》 4
中国・四国 2
関東《かんとう》 12
東海 6
近畿《きんき》 4
九州・沖縄《おきなわ》 12

（一般財団法人家電製品協会「家電リサイクルの取り組み」
全国の家電リサイクルプラント　平成28年10月1日現在）

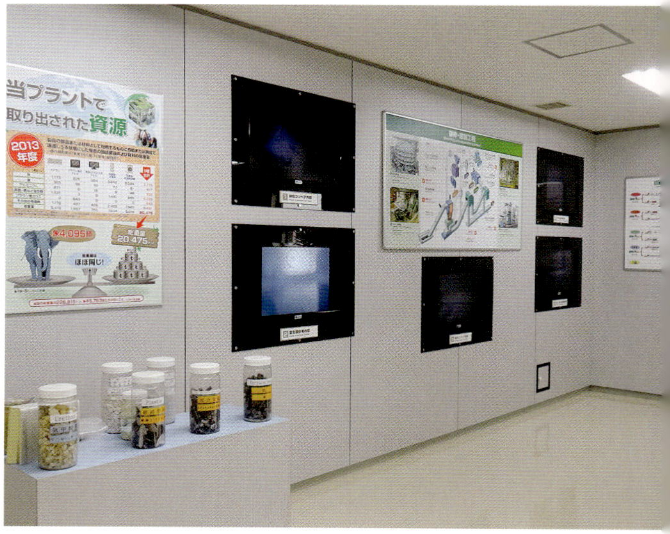
当プラントで
取り出された資源
2013年度

家電リサイクル施設《しせつ》のなかには、見学できるようになっていて、リサイクルの学習コーナーもつくられているところがある。写真はJFE《ジェイエフイー》アーバンリサイクル（神奈川県川崎市《かながわけんかわさきし》）の学習室。

大型《おおがた》トラックで施設《しせつ》に運ばれる

リサイクル施設《しせつ》に運ばれてきた家電製品《かでんせいひん》

家電リサイクル施設《しせつ》の人の話

リサイクルするために家電製品《かでんせいひん》を分解《ぶんかい》するのは、経験《けいけん》をつんだ人でないと、うまくいきません。たとえば、冷蔵庫《れいぞうこ》の扉《とびら》ひとつとっても、手ぎわよく取りはずすには、どの工具があうのか、どのネジから取りはずすのがいいのか、すぐにわからないと、だめですからね。

それに、大きくて重い部品が多いので、ぼんやりしていると、けがをしてしまいます。

この工場では「安全第一」。コントロール室では、いつでも工場全体のようすがわかるようにして、事故《じこ》がないように気をつけています。

コントロール室

洗《せん》たく機《き》のリサイクル

衣類乾燥機《いるいかんそうき》もリサイクル

洗《せん》たく機《き》の昔と今

家庭に広がりはじめたころの洗《せん》たく機《き》は、脱水《だっすい》の機能《きのう》はなく、洗《せん》たく物《もの》をはさんだローラーを手でまわして、水をしぼっていました。やがて脱水《だっすい》槽《そう》ができ、その後、全自動化が進み、スイッチひとつで、洗《あら》うだけでなく、すすいで脱水《だっすい》するようになりました。

さらに今では、衣類乾燥機《いるいかんそうき》、乾燥機《かんそうき》つき洗《せん》たく機《き》も広まりました。それにともない、2009（平成《へいせい》21）年に家電《かでん》リサイクル法《ほう》が改正《かいせい》され、衣類乾燥《いるいかんそう》機《き》も対象《たいしょう》に加《くわ》えられました。

【洗《せん》たく機《き》のデータ】

◎出荷台数 415 万台（日本電機《でんき》工業会調べ／2015 年）

◎引き取り台数 314 万台（家電製品協会《せいひんきょうかい》調べ／2015 年度）

◎平均《へいきん》使用期間は、８年から９年

洗《せん》たく機《き》のリサイクル

回収《かいしゅう》された洗《せん》たく機《き》 → 手作業で部品を取りはずす

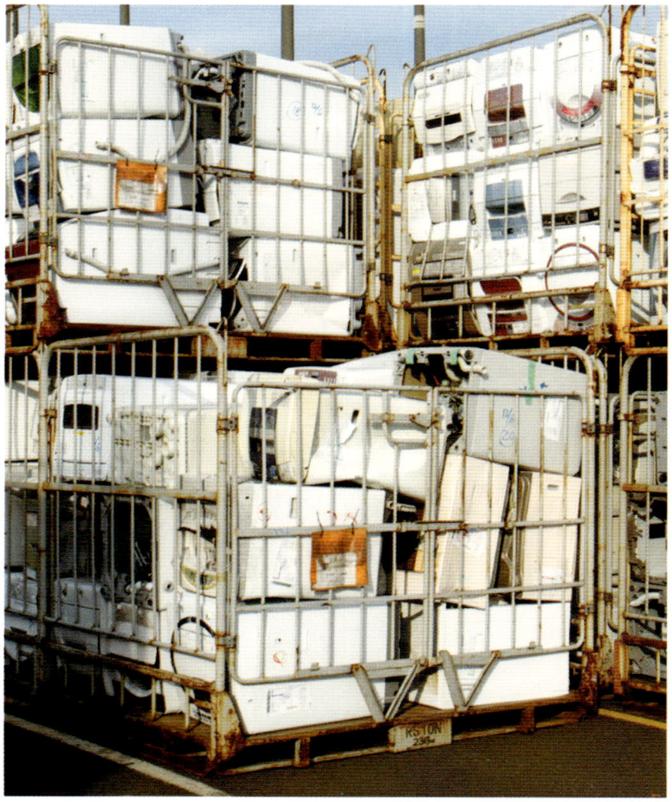

回収《かいしゅう》された洗《せん》たく機《き》は１台ずつ作業場に運ばれ、解体《かいたい》される。

手作業でパネルを取りはずしているところ。

洗《せん》たく機《き》の部品

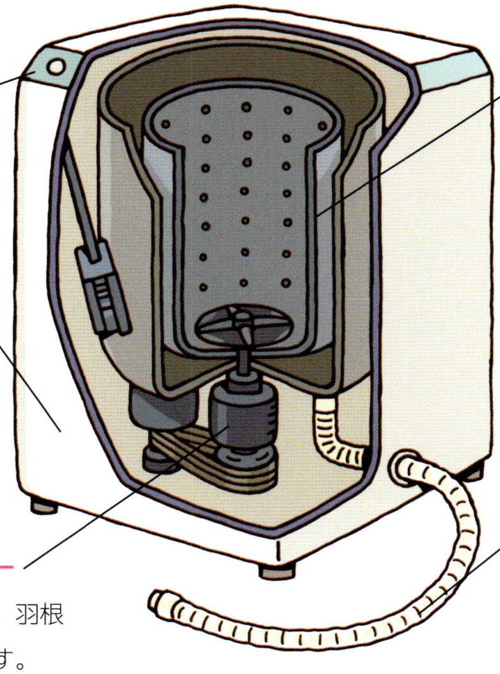

パネル
プラスチック
キャビネット　プラスチック
洗《せん》たく槽《そう》
プラスチック。洗《せん》たく物《もの》を入れる。
排水管《はいすいかん》　プラスチック
モーター
鉄や銅《どう》。羽根をまわす。

回収《かいしゅう》された素材《そざい》

洗《せん》たく機《き》から回収《かいしゅう》された素材《そざい》の割合《わりあい》をしめす。

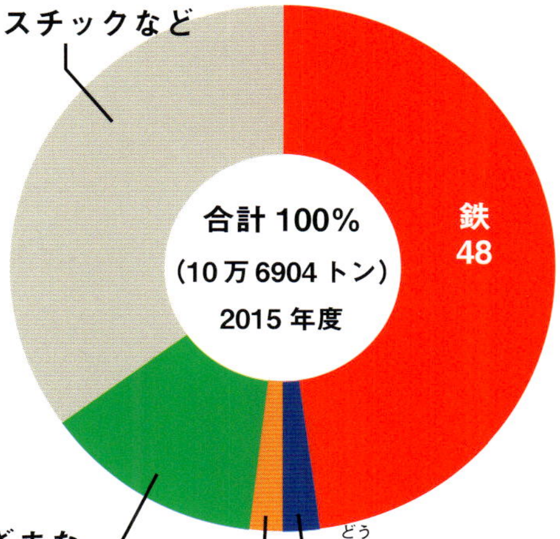

その他、
プラスチックなど
35
鉄
48
合計 100%
（10 万 6904 トン）
2015 年度
さまざまな
金属《きんぞく》の混合物《こんごうぶつ》 13
銅《どう》 2
アルミニウム 2

家電製品協会「家電リサイクル年次報告／洗濯機・衣類乾燥機から回収された有価物」2015 年度

取りはずされ集められた部品 → 選別《せんべつ》した部品と素材《そざい》

モーター部分を取りはずしているところ。モーターには鉄と銅《どう》が使われている。

洗《せん》たく機《き》の洗《せん》たく槽《そう》（おけ）の部分。

モーター
プラスチック
底板アルミ
基 板 類

モーター、洗《せん》たく槽《そう》の底《そこ》につけられている部品、電子部品の基《き》板《ばん》などのほか、プラスチック部品もくだいて回収《かいしゅう》され、資源《しげん》としていかされている。これらは再資源化施設《さいしげんかしせつ》や再利用施設《さいりようしせつ》に送られる。

（写真は、一般財団法人家電製品協会「家電リサイクル年次報告書」より）

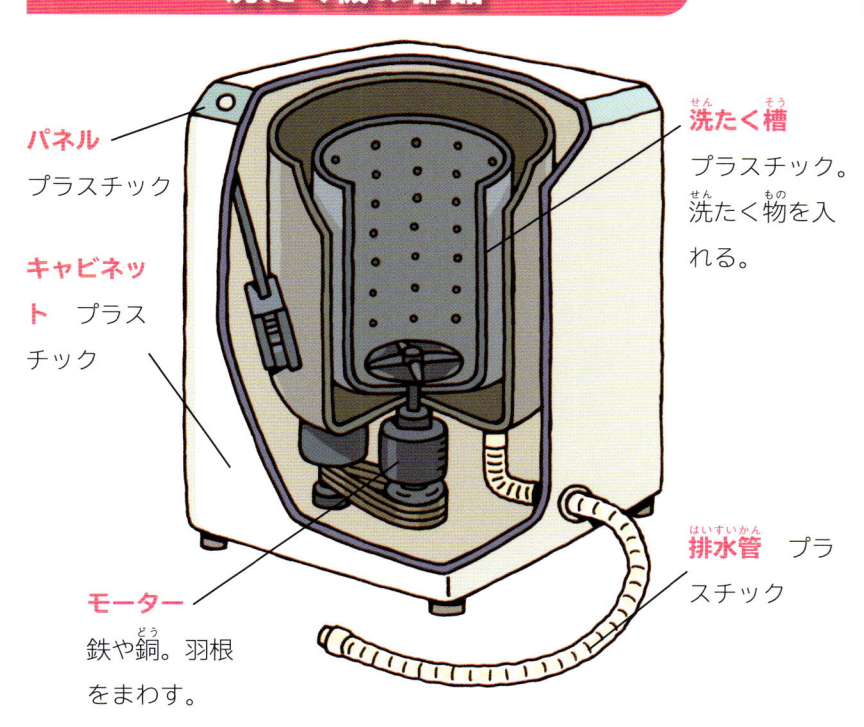

テレビのリサイクル

薄型《うすがた》テレビがふつうに

テレビの昔と今

今から60年以上《いじょう》も前の、1953（昭和《しょうわ》28）年にテレビ放送がはじまりました。当時のテレビは、ブラウン管式《かんしき》テレビといって、ガラスが3分の2をしめるので重く、奥行《おくゆき》のある形をしていました。10年ほど前から薄型《うすがた》テレビに変《か》わり、現在《げんざい》では生産《せいさん》されていません。

現在《げんざい》のテレビは、薄型化《うすがたか》とともに、画面の大型《おおがた》化《か》が進んでいます。

【テレビのデータ】

◎出荷台数512万台（電子情報《じょうほう》技術《ぎじゅつ》産業《さんぎょう》協《きょう》会《かい》調べ／2015年）
◎引き取り台数258万台（ブラウン管式《かんしき》テレビをふくむ・家電製品《せいひん》協会《きょうかい》調べ／2015年度）
◎平均《へいきん》使用期間は、7年から10年

薄型《うすがた》テレビのリサイクル

手作業で部品を取りはずす

テレビの裏《うら》ぶたをはずす。

テレビごとに部品がちがうので、手作業で部品をはずす。

液晶《えきしょう》テレビのおもな部品

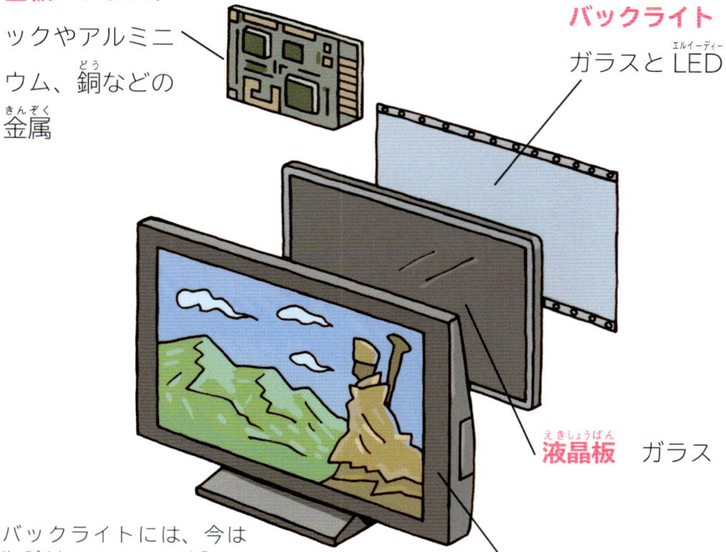

基板《きばん》　プラスチックやアルミニウム、銅《どう》などの金属《きんぞく》
バックライト　ガラスとLED《エルイーディー》
液晶板《えきしょうばん》　ガラス
キャビネット　プラスチック
バックライトには、今は蛍光管《けいこうかん》にかわり、LED《エルイーディー》が使われている。

回収《かいしゅう》された素材《そざい》

液晶《えきしょう》テレビから回収《かいしゅう》された素材《そざい》の割合《わりあい》をしめす。

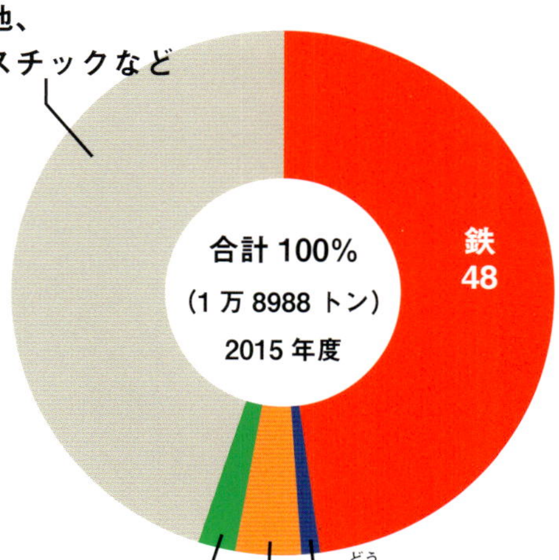

その他、プラスチックなど 45
鉄 48
合計 100%
（1 万 8988 トン）
2015 年度
銅《どう》 1
アルミニウム 4
さまざまな金属《きんぞく》の混合物《こんごうぶつ》 2

家電製品協会「家電リサイクル年次報告／液晶テレビから回収された有価物」2015 年度

取りはずされた部品

基板《きばん》

銅線類《どうせんるい》

スピーカー

選別《せんべつ》した部品と素材《そざい》

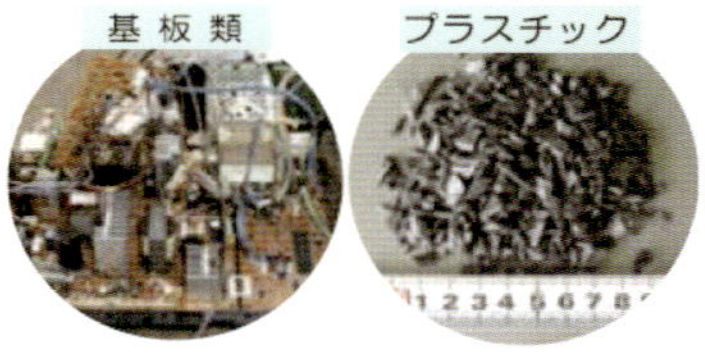

基板類
プラスチック

電子部品の基板《きばん》などのほか、プラスチック部品もくだいて回収《かいしゅう》し、資源《しげん》としていかされている。

（写真は、一般財団法人家電製品協会「家電リサイクル年次報告書」より）

資源物《しげんぶつ》を破砕《はさい》し、素《そ》材《ざい》ごとに選別《せんべつ》する。写真は、破砕《はさい》された鉄。製鉄所《せいてつじょ》に送られ、鉄としてリサイクルされる。

エアコンのリサイクル

冷媒《れいばい》の回収《かいしゅう》が大事

エアコンの昔と今

エアコンはエアコンディショナーといって、空気の温度や湿度《しつど》を調整する機械《きかい》です。最初《さいしょ》のころは冷房《れいぼう》だけでしたが、現在《げんざい》では、冷房《れいぼう》・暖房《だんぼう》どちらにも使えるようになりました。

ただ、夏の暑いとき室外機《しつがいき》に近よるとわかるように、室内は涼《すず》しくても、外には熱風《ねっぷう》を出しています。また火力発電による電気を使えば、その分、地球温暖化《ちきゅうおんだんか》の原因《げんいん》となる二酸化炭素《にさんかたんそ》がふえます。

熱中症対策《ねっちゅうしょうたいさく》からエアコンが必要《ひつよう》な場合があり、温度の設定《せってい》のしかたをくふうするなど、かしこい使い方をすることが求《もと》められています。

【エアコンのデータ】

◎出荷台数 804 万台（日本電機《でんき》工業会調べ／2015 年）

◎引き取り台数 236 万台（家電製品協会《せいひんきょうかい》調べ／2015 年度）

◎平均《へいきん》使用期間は、約 10 年

エアコンのリサイクル

フロン類《るい》を回収《かいしゅう》する → 手作業で部品を取りはずす

パイプを機械《きかい》につないで冷媒《れいばい》のフロン類《るい》を回収《かいしゅう》。

ファンをはずしているところ。

エアコンのおもな部品

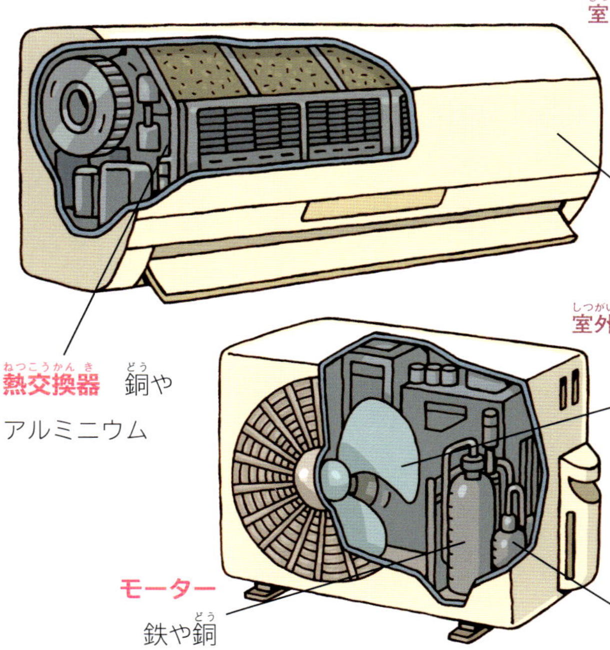
室内機《しつないき》
キャビネット
プラスチック
室外機《しつがいき》
熱交換器《ねつこうかんき》 銅《どう》や
アルミニウム
ファン
プラスチック
モーター
鉄や銅《どう》
コンプレッサー
鉄や銅《どう》

回収《かいしゅう》された素材《そざい》

エアコンから回収《かいしゅう》された素材《そざい》の割合《わりあい》をしめす。

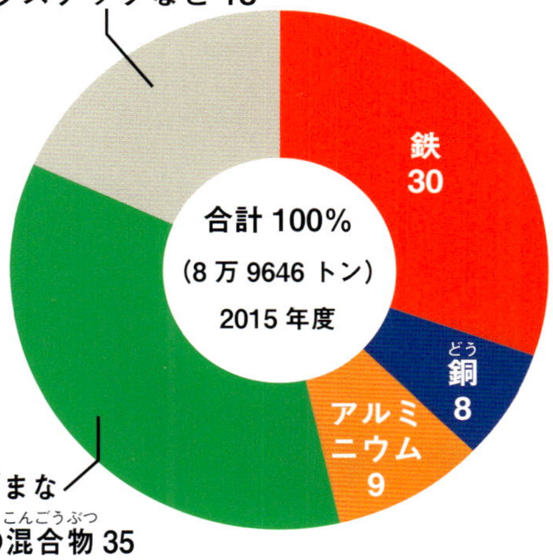
その他、
プラスチックなど 18
鉄
30
合計 100%
(8 万 9646 トン)
2015 年度
銅《どう》
8
アルミニウム
9
さまざまな
金属《きんぞく》の混合物《こんごうぶつ》 35

家電製品協会「家電リサイクル年次報告／エアコンから回収された有価物」2015 年度

コンプレッサーを取りはずしているところ。

取りはずされ集められた部品

コンプレッサー

選別《せんべつ》した部品と素材《そざい》

真　鍮
モーター
基 板 類
銅パイプ

モーター、電子部品の基板《きばん》などのほか、真鍮《しんちゅう》や銅《どう》パイプなども回収《かいしゅう》し、資源《しげん》としていかされている。これらは再資源化施設《さいしげんかしせつ》や再利用施設《さいりようしせつ》に送られる。

（写真は、一般財団法人家電製品協会「家電リサイクル年次報告書」より）

ベルトコンベアで運ばれてきた部品。細かく選別《せんべつ》する。

冷蔵庫《れいぞうこ》のリサイクル

断熱材《だんねつざい》からも冷媒《れいばい》をのぞく

冷蔵庫《れいぞうこ》の昔と今

家庭に広まりはじめたころの冷蔵庫《れいぞうこ》は、ドアがひとつで、中に小さな製氷室《せいひょうしつ》がついていました。やがて冷凍室《れいとうしつ》やチルド室、野菜室《やさいしつ》などが分かれていきました。同時に大型化《おおがたか》が進み、今では100kgをこえるものもあります。

冷蔵庫《れいぞうこ》には、エアコンと同じように冷媒《れいばい》が使われています。過去《かこ》の製品《せいひん》には、冷気《れいき》をにがさないために使われるウレタン樹脂《じゅし》（ポリウレタン）にもフロン類《るい》がふくまれている場合があります。このため、リサイクルするときには注意が必要《ひつよう》です。

【冷蔵庫《れいぞうこ》のデータ】

◎出荷台数 378 万台（日本電機《でんき》工業会調べ／2015 年）

◎引き取り台数　冷凍庫《れいとうこ》とあわせて 280 万台（家電製品協会《せいひんきょうかい》調べ／2015 年度）

◎平均《へいきん》使用期間は、約《やく》10 年

冷蔵庫《れいぞうこ》のリサイクル

手作業で部品を取りはずす

解体《かいたい》のため、コンベアで次々に運ばれてくる。

基板《きばん》をはずしているところ。

冷蔵庫《れいぞうこ》の内部と素材《そざい》

冷蔵庫《れいぞうこ》のしくみと部品については、7ページを見てほしい。リサイクルで大切なのは冷媒《れいばい》の除去《じょきょ》で、これはエアコンと同じだ。また断熱材《だんねつざい》にプラスチックのウレタンが使われており、集めて燃料《ねんりょう》などに利用《りよう》されている。

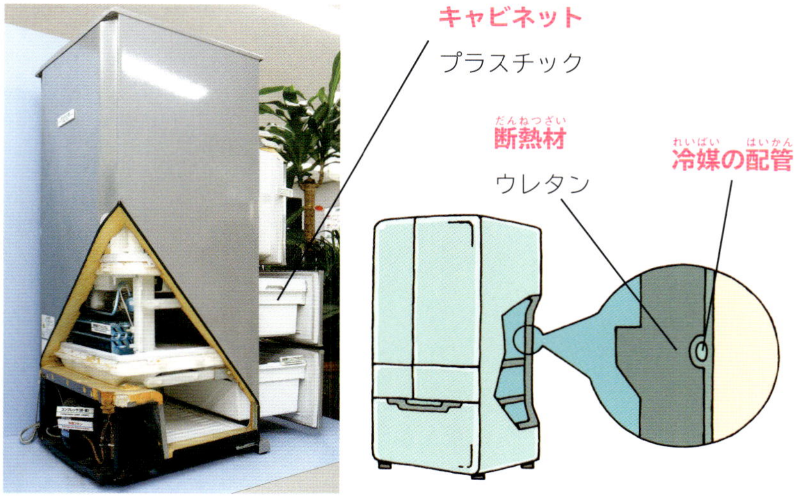
キャビネット
プラスチック
断熱材《だんねつざい》
ウレタン
冷媒《れいばい》の配管《はいかん》

回収《かいしゅう》された素材《そざい》

冷蔵庫《れいぞうこ》から回収《かいしゅう》された素材《そざい》の割合《わりあい》をしめす。

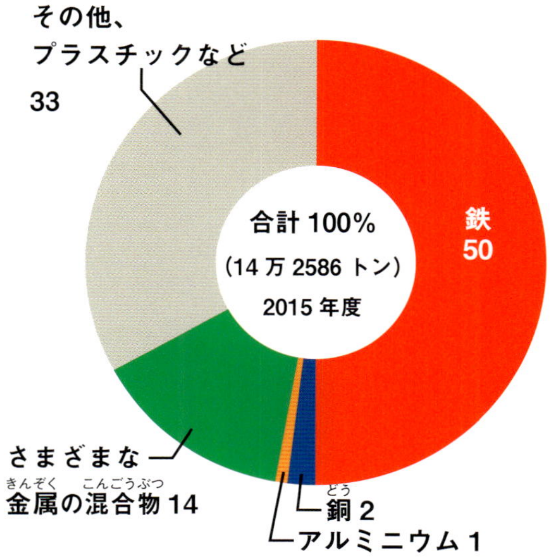
その他、
プラスチックなど
33
合計100%
(14万2586トン)
2015年度
鉄
50
さまざまな
金属《きんぞく》の混合物《こんごうぶつ》14
銅《どう》2
アルミニウム1

家電製品協会「家電リサイクル年次報告／冷蔵庫・冷凍庫から回収された有価物」2015年度

コンプレッサーなどからフロン類《るい》を回収《かいしゅう》する

断熱材《だんねつざい》のウレタン

コンプレッサーがある下部の外板をはずし、管《くだ》を機械《きかい》とつないでフロン類《るい》を回収《かいしゅう》する。

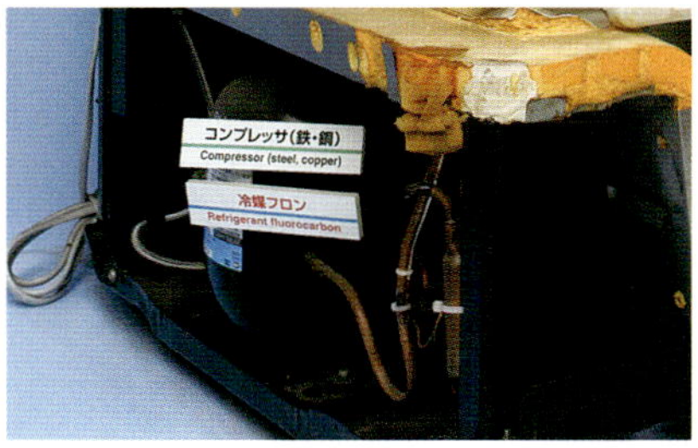
コンプレッサ(鉄・銅)
Compressor (steel, copper)
冷媒フロン
Refrigerant fluorocarbon

コンプレッサー

選別《せんべつ》した素材《そざい》

鉄や銅《どう》、アルミニウムなどの金属《きんぞく》のほか、ウレタンやプラスチックも資源《しげん》としていかされている。これらは再資源化施設《さいしげんかしせつ》や再利用施設《さいりようしせつ》に送られる。

(写真は、一般財団法人家電製品協会「家電リサイクル年次報告書」より)

家電のエコデザイン

リサイクルしやすい製品《せいひん》づくり

家電製品《かでんせいひん》と温暖化《おんだんか》

今は、いろいろな家電製品《かでんせいひん》がふえたおかげで、くらしは便利《べんり》で快適《かいてき》になりましたが、いっぽうで金属《きんぞく》などの天然資源《てんねんしげん》をたくさん消費《しょうひ》するようになりました。

また、発電には石油・石炭・天然ガスが使われるので、家電製品《かでんせいひん》を多く使えば、大気中の二酸化《にさんか》炭素《たんそ》をふやし、地球温暖化《ちきゅうおんだんか》を進めることになります。

そこで重要《じゅうよう》になったのが、エコデザインです。

エコデザインとは

エコデザインとは、製造《せいぞう》・販売《はんばい》、使用、リサイクルのすべての段階《だんかい》で、資源《しげん》とエネルギーを節約《せつやく》できるように製品《せいひん》を設計《せっけい》することです。

家電製品《かでんせいひん》でもっとも大事なのは、使用するときの省《しょう》エネです。さらに使い終わった後、リサイクル施設《しせつ》で解体《かいたい》して再資源化《さいしげんか》しやすいようにすることも、エコデザインの役目です。

家電のエコデザインの例《れい》

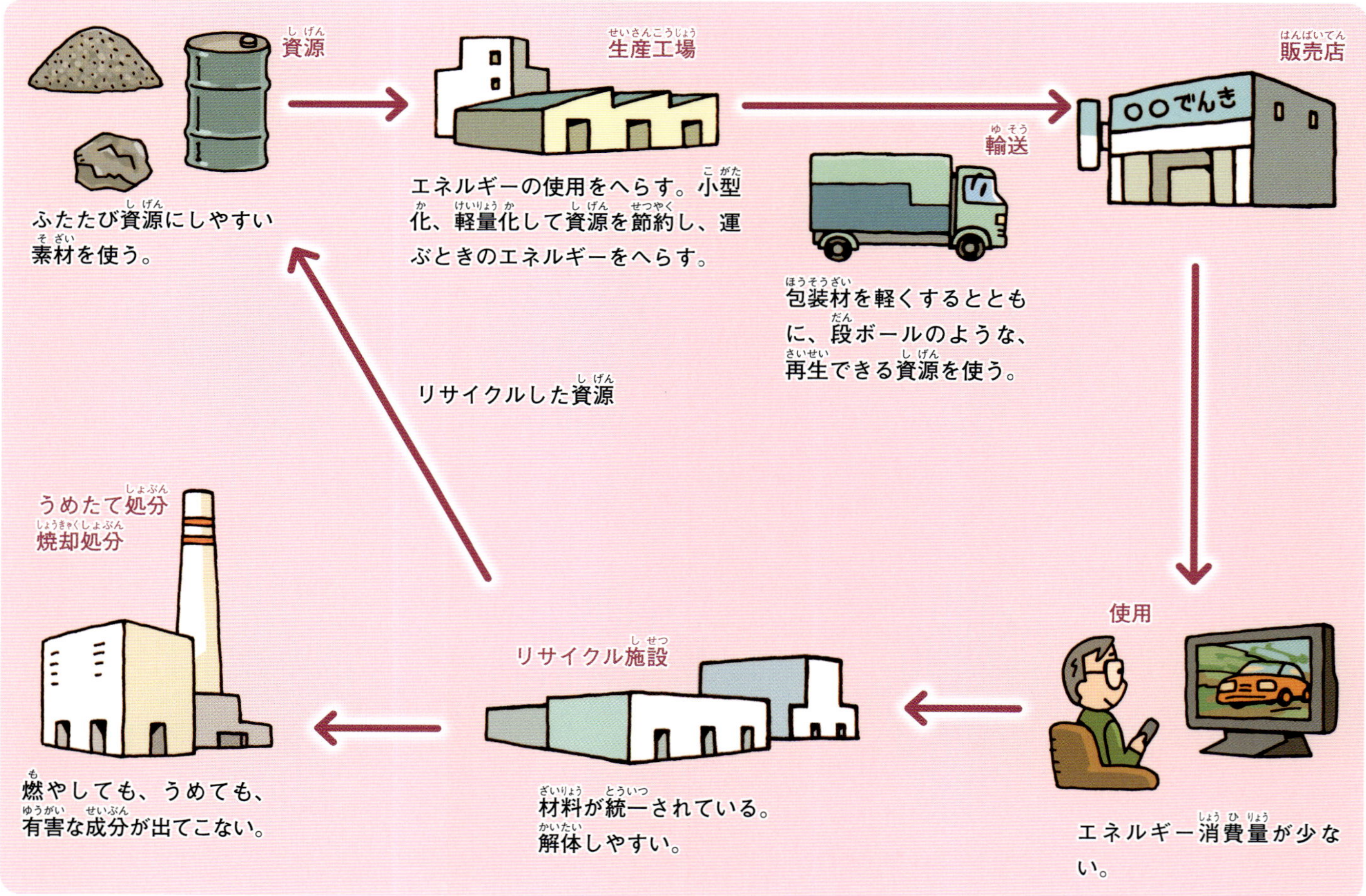
資源《しげん》
ふたたび資源《しげん》にしやすい素材《そざい》を使う。
生産工場《せいさんこうじょう》
エネルギーの使用をへらす。小型《こがた》化《か》、軽量《けいりょう》化《か》して資源《しげん》を節約《せつやく》し、運ぶときのエネルギーをへらす。
販売店《はんばいてん》
○○でんき
輸送《ゆそう》
包装材《ほうそうざい》を軽くするとともに、段《だん》ボールのような、再生《さいせい》できる資源《しげん》を使う。
使用
エネルギー消費量《しょうひりょう》が少ない。
リサイクル施設《しせつ》
材料《ざいりょう》が統一《とういつ》されている。
解体《かいたい》しやすい。
リサイクルした資源《しげん》
うめたて処分《しょぶん》
焼却処分《しょうきゃくしょぶん》
燃《も》やしても、うめても、有害《ゆうがい》な成分《せいぶん》が出てこない。

家電をリサイクルしやすくする製品《せいひん》づくり

家電のリサイクルは、手作業で分解《ぶんかい》することが多い。そのため、ネジの位置《いち》や部品の材質《ざいしつ》などの記号を決めて、すぐに作業できるようくふうされている。（写真は、一般財団法人家電製品協会「家電製品の環境配慮設計」より）

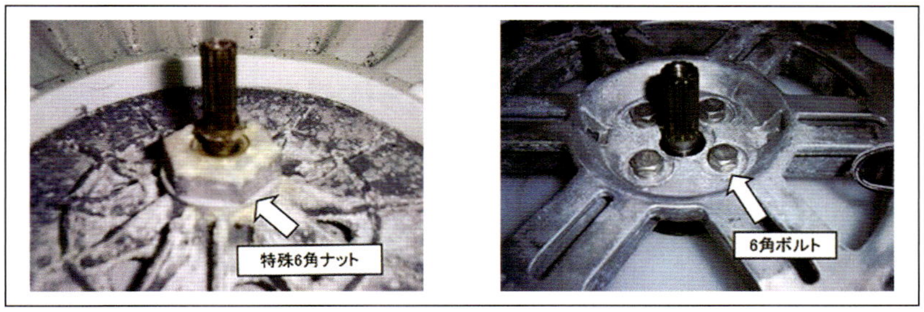
特殊6角ナット
6角ボルト

左は、特殊《とくしゅ》な工具を使わないとはずせなかった。それを右のように、ふつうの工具ではずせるようにした。

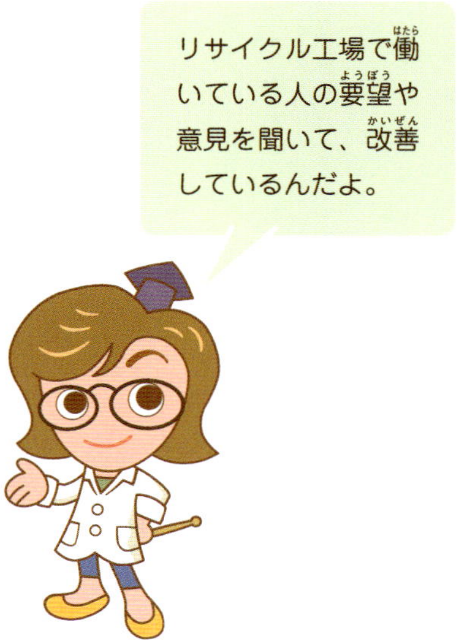
リサイクル工場で働《はたら》いている人の要望《ようぼう》や意見を聞いて、改善《かいぜん》しているんだよ。

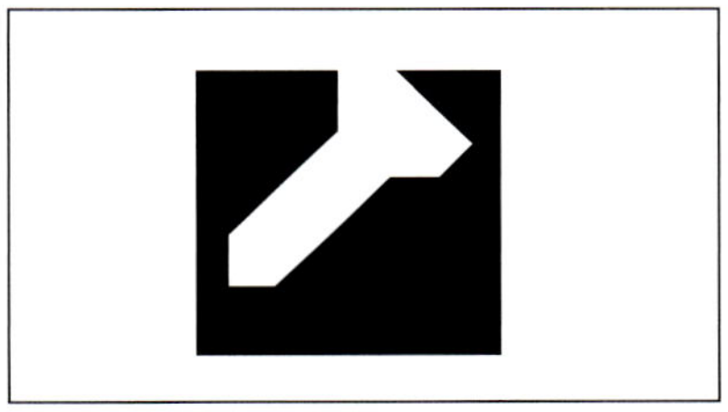

プラスチック製品《せいひん》に金属《きんぞく》が入っていることをしめすマーク

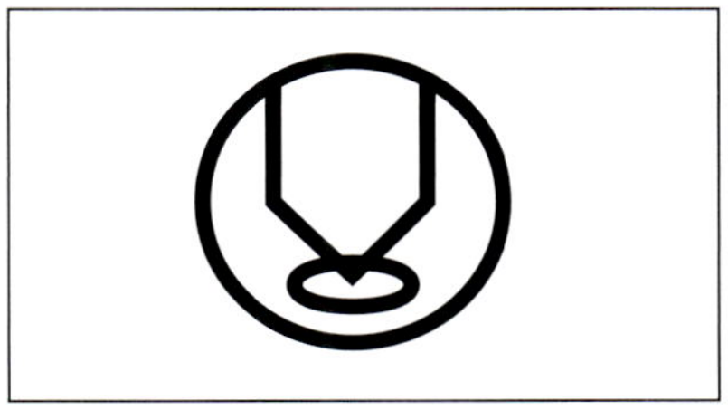

あなをあける位置《いち》をしめすマーク

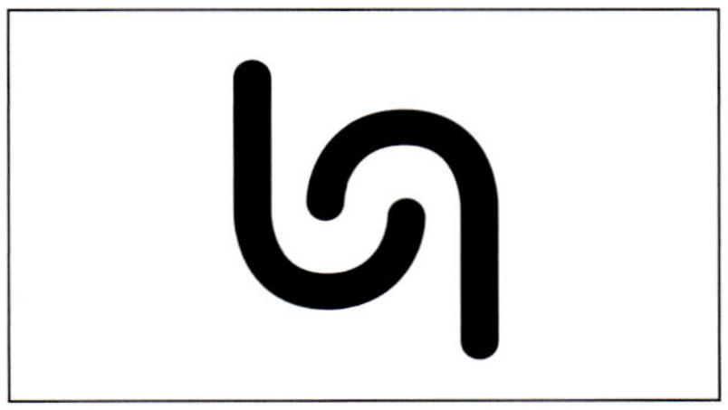

部品のはめこみ位置《いち》をしめすマーク

省《しょう》エネのくふう

家電製品《かでんせいひん》の省《しょう》エネ技術《ぎじゅつ》は、いろいろにくふうされてきた。冷蔵庫《れいぞうこ》なら外部との断熱《だんねつ》をよくして、内部の冷気《れいき》をたもちやすくすること、テレビなら消費電力《しょうひでんりょく》の小さいモニターを使うことなどだ。

省《しょう》エネのためには、使うときのくふうもたいせつだ。冷蔵庫《れいぞうこ》のとびらをむやみに開けないこと、テレビをつけっぱなしにしないこと、エアコンで部屋《へや》を冷《ひ》やしすぎたりあたためすぎたりしないこと、といった小さな積《つ》み重《かさ》ねが大きな省《しょう》エネになる。

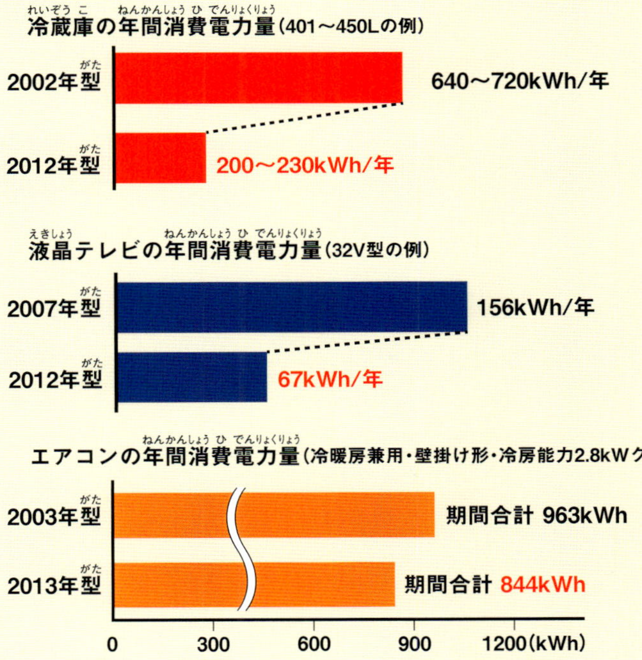
冷蔵庫《れいぞうこ》の年間《ねんかん》消費《しょうひ》電力量《でんりょくりょう》（401～450Lの例）
2002年型《がた》
640～720kWh/年
2012年型《がた》
200～230kWh/年
液晶《えきしょう》テレビの年間《ねんかん》消費《しょうひ》電力量《でんりょくりょう》（32V型の例）
2007年型《がた》
156kWh/年
2012年型《がた》
67kWh/年
エアコンの年間《ねんかん》消費《しょうひ》電力量《でんりょくりょう》（冷暖房兼用・壁掛け形・冷房能力2.8kWクラスの例）
2003年型《がた》
期間合計 963kWh
2013年型《がた》
期間合計 844kWh
0
300
600
900
1200(kWh)

最新《さいしん》の冷蔵庫《れいぞうこ》は、10年前とくらべると、約《やく》68％の省《しょう》エネ。

最新《さいしん》の液晶《えきしょう》テレビは、5年前とくらべると、約《やく》57％の省《しょう》エネ。

最新《さいしん》のエアコンは、10年前とくらべると、約《やく》12％の省《しょう》エネ。

経済産業省 HP「省エネ型機器の現状」より作成

小型家電《こがたかでん》リサイクル法《ほう》

電気・電池を使う製品《せいひん》のほぼすべてが対象《たいしょう》

小型家電《こがたかでん》リサイクル法《ほう》とは

前に見た家電リサイクル法《ほう》は、エアコン、テレビ、冷蔵庫《れいぞうこ》・冷凍庫《れいとうこ》、洗《せん》たく機《き》・衣類乾燥機《いるいかんそうき》を対象《たいしょう》にしたものですが、家の中では、もっといろいろな家電製品《かでんせいひん》が使われています。

そこで、2013（平成《へいせい》25）年から、小型家電《こがたかでん》リサイクル法《ほう》による回収《かいしゅう》とリサイクルがはじまりました。対象《たいしょう》となるのはパソコン、デジタルカメラ、時計《とけい》など、電気か電池で動く製品《せいひん》のほとんどすべてです。

小型家電《こがたかでん》の回収《かいしゅう》

家電リサイクル法《ほう》の対象《たいしょう》になっている製品《せいひん》は、販売店《はんばいてん》をとおして回収《かいしゅう》するのが原則《げんそく》です。それに対し、小型家電《こがたかでん》リサイクル法《ほう》のばあいは、市町村も協力《きょうりょく》して回収《かいしゅう》されるようになったことが大きなちがいです。

そのため、市町村では市役所や市民《しみん》ホールなどの拠点《きょてん》に回収《かいしゅう》ボックスをおいたり、市のイベントのときに、住民《じゅうみん》から小型家電《こがたかでん》を集めたりする例《れい》が多くなりました。

おもな小型家電《こがたかでん》と回収方法《かいしゅうほうほう》

回収《かいしゅう》する小型家電《こがたかでん》や回収《かいしゅう》の方法《ほうほう》は、市町村によってちがう。回収《かいしゅう》されているおもな小型家電《こがたかでん》は、携帯電話《けいたいでんわ》、ゲーム機《き》、USB《ユーエスビー》メモリー、携帯型《けいたいがた》音楽プレーヤー、デジタルカメラなど。

USB《ユーエスビー》メモリー

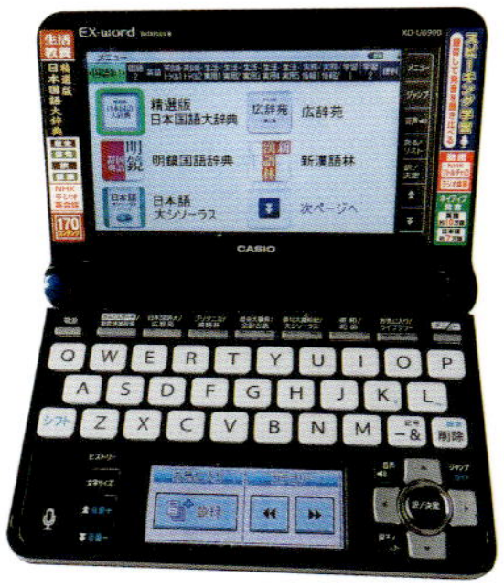

電子辞書《でんしじしょ》

スマホ

ボックス回収《かいしゅう》　市町村の施設《しせつ》やスーパー、家電販売店《かでんはんばいてん》などに、回収《かいしゅう》ボックスを設置《せっち》し、回収《かいしゅう》する。

ピックアップ回収《かいしゅう》　それぞれの市町村の不燃《ふねん》ごみや粗大《そだい》ごみの回収《かいしゅう》のときに集める。

（出典：3点とも環境省資料）

ステーション回収《かいしゅう》　市町村がごみ集《しゅう》積所《せきじょ》（ステーション）に小型家電用《こがたかでんよう》のコンテナをおいて、回収《かいしゅう》する方法《ほうほう》。

＊蛍光管《けいこうかん》は小型家電《こがたかでん》にはふくまず、別《べつ》のごみとして収集《しゅうしゅう》する。

小型家電《こがたかでん》リサイクル法《ほう》のしくみとマーク

小型家電《こがたかでん》は販売店《はんばいてん》だけでなく、市町村も協力《きょうりょく》して回収《かいしゅう》している。ただし、何を回《かい》収《しゅう》するかは市町村ごとに指定している。

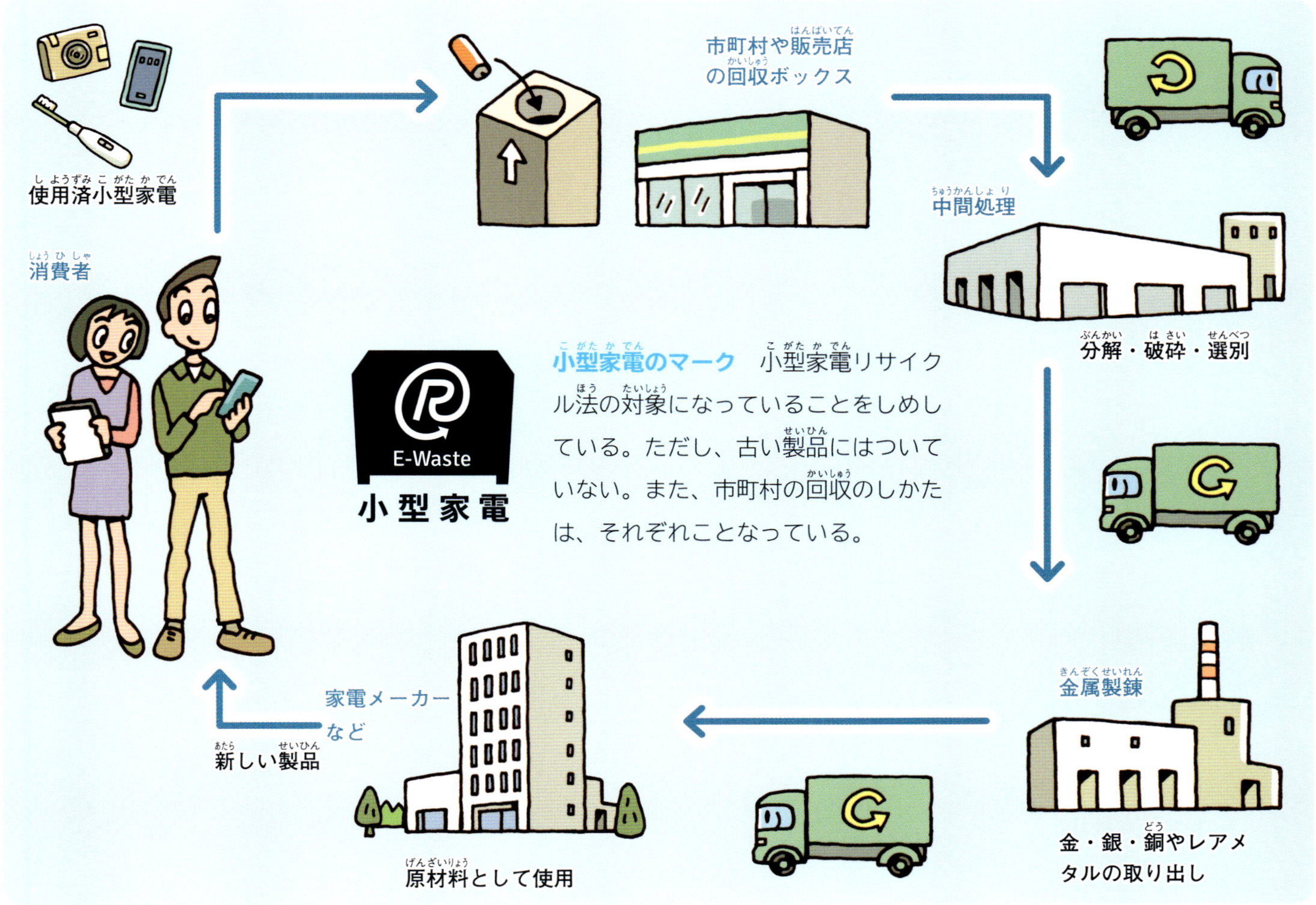
使用済小型家電《しようずみこがたかでん》
消費者《しょうひしゃ》
市町村や販売店《はんばいてん》の回収《かいしゅう》ボックス
中間処理《ちゅうかんしょり》
分解《ぶんかい》・破砕《はさい》・選別《せんべつ》
E-Waste
小 型 家 電
小型家電《こがたかでん》のマーク　小型家電《こがたかでん》リサイクル法《ほう》の対象《たいしょう》になっていることをしめしている。ただし、古い製品《せいひん》にはついていない。また、市町村の回収《かいしゅう》のしかたは、それぞれことなっている。
金属製錬《きんぞくせいれん》
金・銀・銅《どう》やレアメタルの取り出し
原材料《げんざいりょう》として使用
家電メーカーなど
新《あたら》しい製品《せいひん》

個人情報《こじんじょうほう》ってなんだろう

個人情報《こじんじょうほう》とは、名前、住所、電話番号、銀行のカード番号など、個人《こじん》が特定《とくてい》できる情報《じょうほう》のこと。自分しか知らないプライバシー（私事《わたくしごと》）を、まったく関係《かんけい》のない人に知られることは、人権《じんけん》の侵害《しんがい》とされる。

スマホには、友だちの名前、通信《つうしん》や買い物の記録《きろく》など、いろいろな個人情報《こじんじょうほう》が入っている。リサイクルに出すときは、その記録《きろく》を消すことが必要《ひつよう》だ。記録《きろく》の消去はソフトを使って自分でやることができるし、店にたのんで消してもらうこともできる。メモリーカードなど、情報《じょうほう》の記録《きろく》してあるものもぬいてから、リサイクルに出そう。

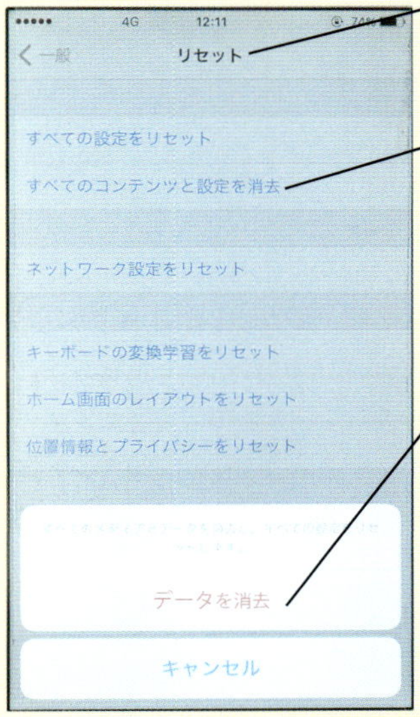
4G
12:11
一般
リセット
すべての設定をリセット
すべてのコンテンツと設定を消去
ネットワーク設定をリセット
キーボードの変換学習をリセット
ホーム画面のレイアウトをリセット
位置情報とプライバシーをリセット
データを消去
キャンセル

いろいろな設定《せってい》をリセット（変更《へんこう》）する画面。

① すべてのデータを消去するときにタッチする。

② ①をタッチすると表示《ひょうじ》される。ここをタッチすると、すべてのデータが消去される。

スマホの記録《きろく》を消去する画面の例《れい》

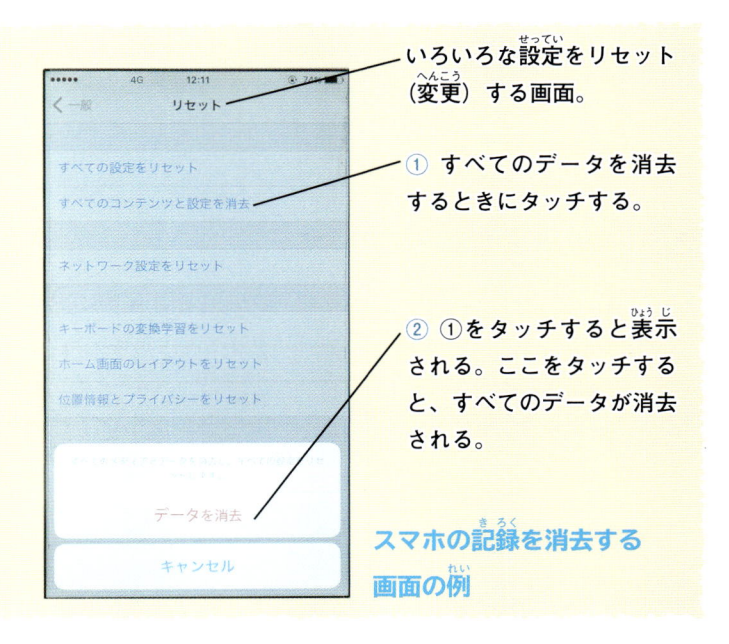

小型家電《こがたかでん》には資源《しげん》がいっぱい

都市鉱山《としこうざん》ってなに？

都市鉱山《としこうざん》とは

小さくても量《りょう》や種類《しゅるい》が多い小型家電《こがたかでん》は、よく買いかえられることもあって、1年間に65万トンも使われなくなります。それらの中には、鉄やアルミのほか、金、銀、銅《どう》、レアメタルなどの役に立つ金属《きんぞく》が28万トンもふくまれているといわれます。

とりわけ人口が多い都市で、小型家電《こがたかでん》が大量《たいりょう》に新品に買いかえられています。金属資源《きんぞくしげん》を豊富《ほうふ》にふくんだこれらの小型家電《こがたかでん》は、都市における鉱山《こうざん》のようだという意味で「都市鉱山《としこうざん》」といわれます。

都市鉱山《としこうざん》の例《れい》

金は、貴重《きちょう》であるだけでなく、電気を通しやすいことから、ハイテク機器《きき》ではプリント基板《きばん》などにもたくさん使われている。

ところが、天然《てんねん》の鉱石《こうせき》からとれる量《りょう》は少ない。たとえば鹿児島県《かごしまけん》の菱刈鉱山《ひしかりこうざん》の金鉱石《きんこうせき》は、1トンの鉱石《こうせき》を製錬《せいれん》しても金は30～40gくらいしかとれない。それでも日本一多く金をふくんでいる鉱石《こうせき》だ。

いっぽう、パソコンなどのメモリーは1枚《まい》の重量《じゅうりょう》がおよそ9gなのに、金を10mgもふくんでいる。メモリーを1トン回収《かいしゅう》すれば約《やく》1kgの金がとれることになる。

パソコンなどのメモリーは、すぐれた金鉱石《きんこうせき》の30倍くらいの金をふくんでいるのよ。

レアメタルとは

「都市鉱山《としこうざん》」のすぐれた点は、地球上でも採掘《さいくつ》できる地域《ちいき》がかぎられているレアメタルがふくまれていることです。

レアメタルのレアとは希少《きしょう》（めったにない）という意味です。充電池《じゅうでんち》に使われるリチウム、強力な磁石《じしゃく》になるネオジム、電気をたくわえるコンデンサーに使われるタンタルなどで、パソコン・スマホなどの高性能化《こうせいのうか》・小型化《こがたか》に欠《か》かせない金属《きんぞく》なのです。

そのため、レアメタルの回収《かいしゅう》はとても重要《じゅうよう》です。

回収《かいしゅう》されたスマホと携帯電話《けいたいでんわ》

菱刈鉱山《ひしかりこうざん》の金鉱石《きんこうせき》は、世界でもトップクラスの金をふくんでいる。（資料提供：住友金属鉱山株式会社）

くらしの中の都市鉱山《としこうざん》

家庭で使われているさまざまな製品《せいひん》に、貴重《きちょう》な金属《きんぞく》やレアメタルなどが使われている。

携帯電話《けいたいでんわ》　金、銀、銅《どう》、タンタル、リチウムなど。
カーナビ　ニッケル、クロム、タンタル、タングステン、コバルトなど。
デジタルカメラ　ニッケル、バリウム、タンタル、ネオジウムなど。
ゲーム機　ニッケル、クロム、タンタル、ネオジウムなど。

プリント基板《きばん》ってなに?

たいていの家電製品《かでんせいひん》に使われていて、いちばん重要《じゅうよう》な働《はたら》きをしているのがプリント基板《きばん》だ。それは電気を通さないボード（板）の表面に印刷《いんさつ》するように電気回路をつくり、必要《ひつよう》な部品をつけたものだ。ひとつのプリント基板《きばん》にさまざまな電子部品をつなぎ、音声回路、画像回路《がぞうかいろ》など、決められた働《はたら》きをするようにつくられている。

電線で部品をつないでいた昔の家電製品《かでんせいひん》にくらべると、とても小型《こがた》で高性能《こうせいのう》になり、故障《こしょう》も少なくなった。

このプリント基板《きばん》につけられている電子部品には金や銀などの貴金属《ききんぞく》、タンタルやネオジウムなどのレアメタルが使われており、回収《かいしゅう》すれば貴重《きちょう》な資源《しげん》になる。

100
4R7
プリント基板《きばん》

スマホのリサイクル

急増《きゅうぞう》した通信機器《つうしんきき》

買いかえがさかんな通信機器《つうしんきき》

スマホ（スマートフォン）や携帯電話《けいたいでんわ》は、便利《べんり》なモバイル（移動《いどう》できる）通信機器《つうしんきき》として急速に広まりました。2015（平成《へいせい》27）年度で2010万台が出荷され、そのうちの半分がスマホでした。

寿命《じゅみょう》は５年から７年といわれていますが、新製《しんせい》品《ひん》やサービスが次々に登場していることもあって、買いかえがさかんなため、使用済《しようず》みになりやすい小型家電製品《こがたかでんせいひん》です。

すすまない回収《かいしゅう》

ところが、なかなか回収《かいしゅう》されません。経済産業《けいざいさんぎょう》省《しょう》の調べでは、リサイクルに出さないのは、住所や電話番号などの個人情報《こじんじょうほう》をもらしたくないことや、処分《しょぶん》のきっかけがないことなどがおもな理由です。小さいので、机《つくえ》の引き出しなどにしまったままになっているものもたくさんあります。

スマホには貴重《きちょう》なレアメタルも使われています。しまったままにすると、せっかくの「都市鉱《としこう》山《ざん》」をいかせないことになります。

スマホの回収《かいしゅう》

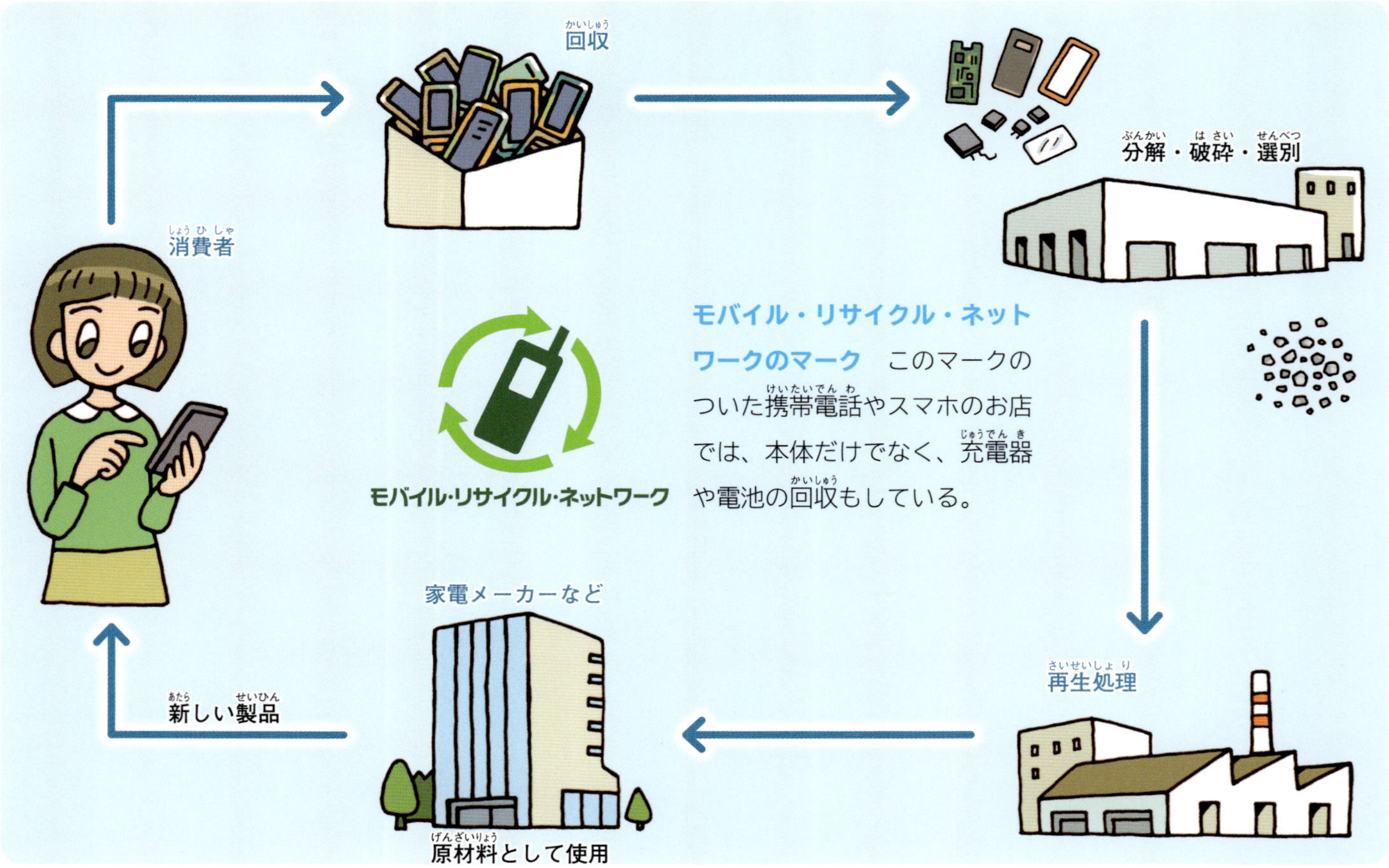
回収《かいしゅう》
分解《ぶんかい》・破砕《はさい》・選別《せんべつ》
消費者《しょうひしゃ》
モバイル・リサイクル・ネットワーク
モバイル・リサイクル・ネットワークのマーク　このマークのついた携帯電話《けいたいでんわ》やスマホのお店では、本体だけでなく、充電器《じゅうでんき》や電池の回収《かいしゅう》もしている。
家電メーカーなど
再生処理《さいせいしょり》
新《あたら》しい製品《せいひん》
原材料《げんざいりょう》として使用

解体《かいたい》したスマホ

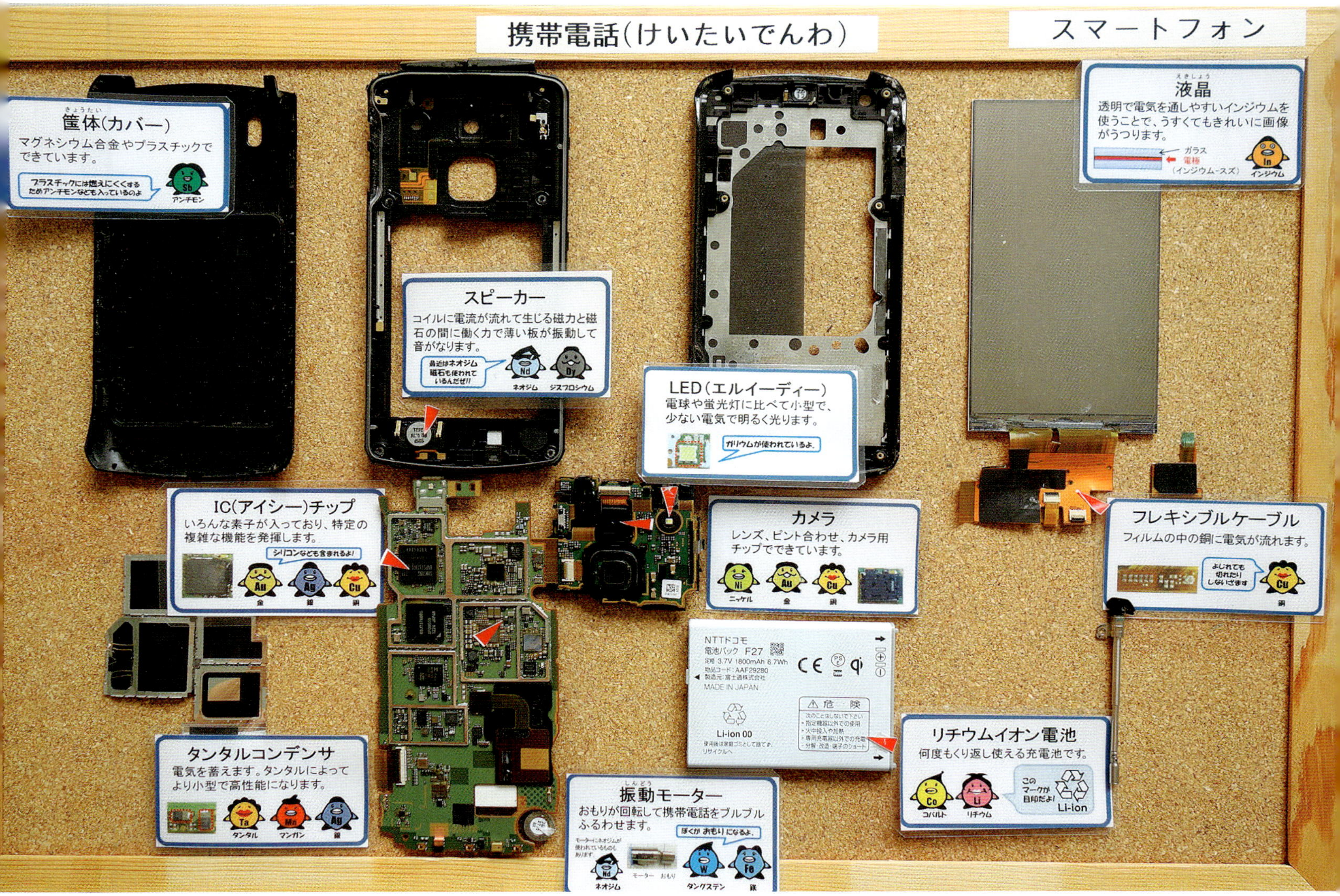

携帯電話(けいたいでんわ)
スマートフォン
筐体《きょうたい》(カバー)
マグネシウム合金やプラスチックでできています。
プラスチックには燃えにくくするためアンチモンなども入っているのよ
Sb
アンチモン
スピーカー
コイルに電流が流れて生じる磁力と磁石の間に働く力で薄い板が振動して音がなります。
最近はネオジム磁石も使われているんだぜ!!
Nd
ネオジム
Dy
ジスプロシウム
LED(エルイーディー)
電球や蛍光灯に比べて小型で、少ない電気で明るく光ります。
ガリウムが使われているよ。
液晶《えきしょう》
透明で電気を通しやすいインジウムを使うことで、うすくてもきれいに画像がうつります。
ガラス
電極
(インジウム-スズ)
In
インジウム
IC(アイシー)チップ
いろんな素子が入っており、特定の複雑な機能を発揮します。
シリコンなども含まれるよ!
Au
金
Ag
銀
Cu
銅
カメラ
レンズ、ピント合わせ、カメラ用チップでできています。
Ni
ニッケル
Au
金
Cu
銅
フレキシブルケーブル
フィルムの中の銅に電気が流れます。
よじれても切れたりしないざます
Cu
銅
NTTドコモ
電池パック F27
定格 3.7V 1800mAh 6.7Wh
物品コード：AAF29280
製造元：富士通株式会社
MADE IN JAPAN
Li-ion 00
危 険
リチウムイオン電池
何度もくり返し使える充電池です。
Co
コバルト
Li
リチウム
このマークが目印だよ!
Li-ion
タンタルコンデンサ
電気を蓄えます。タンタルによってより小型で高性能になります。
Ta
タンタル
Mn
マンガン
Ag
銀
振動《しんどう》モーター
おもりが回転して携帯電話をブルブルふるわせます。
ぼくが おもり になるよ。
モーターにネオジムが使われているものもあります
Nd
ネオジム
モーター
おもり
W
タングステン
Fe
鉄

スマホや携帯電話《けいたいでんわ》のリサイクル

電池をはずし、部品に分ける → **粉砕《ふんさい》する** → **選別《せんべつ》し、資源回収《しげんかいしゅう》する** → **回収《かいしゅう》された資源《しげん》**

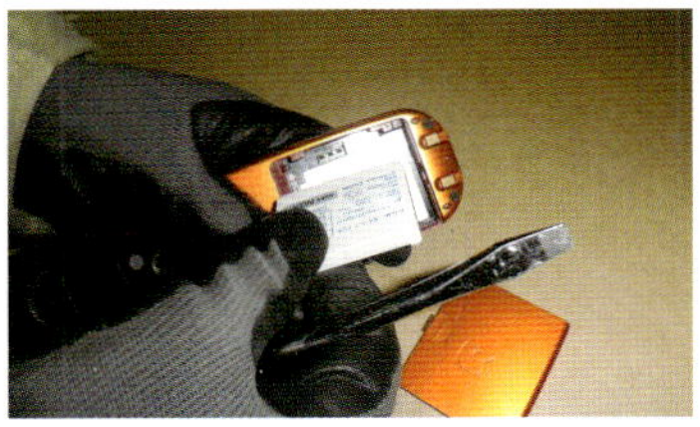

電池をはずす　写真は携帯電話《けいたいでんわ》。裏《うら》ぶたを手作業ではずし、まず、充電式《じゅうでんしき》の電池をとる。電池はリチウムなどが多く使われている。

くだいた部品　金属《きんぞく》、プラスチックなどがまじっている。

選別《せんべつ》・資源回収《しげんかいしゅう》　鉄・金・銀・銅《どう》・アルミニウム・ステンレス・パラジウムなどの金属《きんぞく》やレアメタルを機械《きかい》で選別《せんべつ》する。

回収《かいしゅう》された金属《きんぞく》　写真は、金・銀・銅《どう》がまざったもの。製錬所《せいれんじょ》でとかされ、純度《じゅんど》の高い金や銀となって新しい製品《せいひん》に使われる。

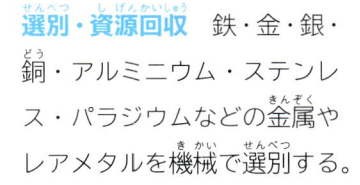

パソコンのリサイクル

大事な都《と》市《し》鉱《こう》山《ざん》のひとつ

リサイクルされる量《りょう》は半分ほど

パソコンの出荷台数は、2015（平成《へいせい》27）年度で711万台でした。そのうちの71％がノート型《がた》パソコンです。

パソコンの平均寿命《へいきんじゅみょう》は5年ほどといわれています。機械《きかい》の寿命《じゅみょう》もありますが、ソフトがどんどん新しくなり、古い機械《きかい》では対応《たいおう》できないことがおもな理由です。

パソコンには、スマホや携帯電話《けいたいでんわ》と同じように、金や銅《どう》、アルミなどの金属《きんぞく》、レアメタルやプラスチックが使われています。そのため、リサイクルのしくみが整えられていますが、中古の製品《せいひん》が多く取り引きされているため、リサイクルされる量《りょう》は半分ほどです。

パソコンも都市鉱《としこう》山《さん》だよ。

パソコンの回収《かいしゅう》

パソコンは、資源有効利用促進法《しげんゆうこうりようそくしんほう》によって、回収《かいしゅう》がメーカーの義務《ぎむ》になっている。しかし、小《こ》型家電《がたかでん》リサイクル法《ほう》が施行《しこう》された後は、ノートパソコンにかぎって回収《かいしゅう》する市町村もふえてきた。

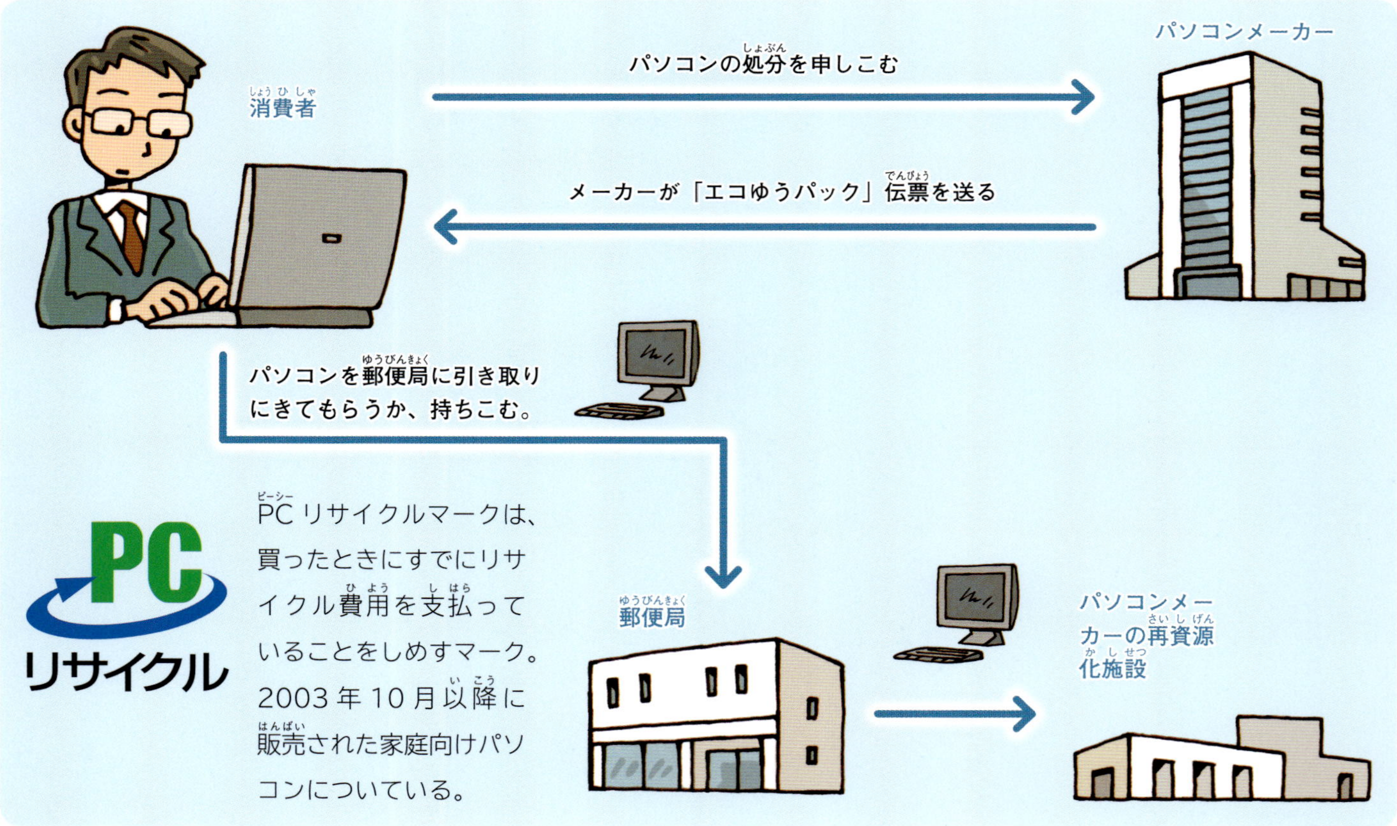
消費者《しょうひしゃ》
パソコンメーカー
パソコンの処分《しょぶん》を申しこむ
メーカーが「エコゆうパック」伝票《でんぴょう》を送る
パソコンを郵便局《ゆうびんきょく》に引き取りにきてもらうか、持ちこむ。
郵便局《ゆうびんきょく》
パソコンメーカーの再資源《さいしげん》化施設《かしせつ》
PC リサイクル
PC《ピーシー》リサイクルマークは、買ったときにすでにリサイクル費用《ひよう》を支払《しはら》っていることをしめすマーク。2003年10月以降《いこう》に販売《はんばい》された家庭向けパソコンについている。

解体《かいたい》したパソコン

ケース　プラスチックでできている。

表示装置《ひょうじそうち》（ディスプレー）　液晶《えきしょう》。おもな素材《そざい》はガラス。

ずいぶん細かい部品からできているんだね

電源部《でんげんぶ》

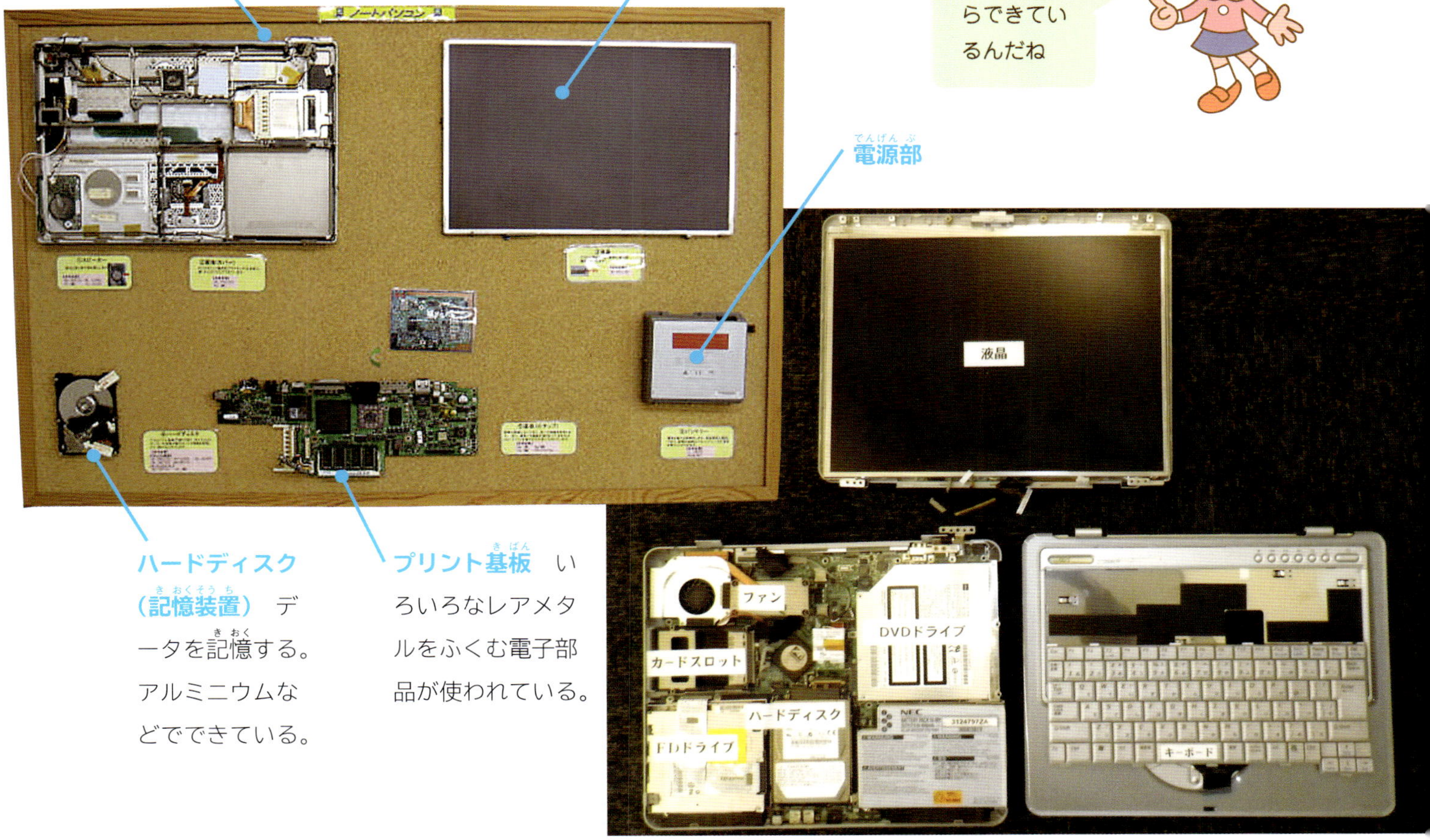

液晶
ファン
DVDドライブ
カードスロット
ハードディスク
FDドライブ
キーボード
NEC

ハードディスク（記憶装置《きおくそうち》）　データを記憶《きおく》する。アルミニウムなどでできている。

プリント基板《きばん》　いろいろなレアメタルをふくむ電子部品が使われている。

パソコンの解体見本《かいたいみほん》　プリント基板《きばん》には金、コンデンサにレアメタルのタンタルなどがふくまれている。

パソコンのリサイクル

部品に分ける → 粉砕《ふんさい》する → 選別《せんべつ》し、資源回収《しげんかいしゅう》する → 回収《かいしゅう》された資源《しげん》

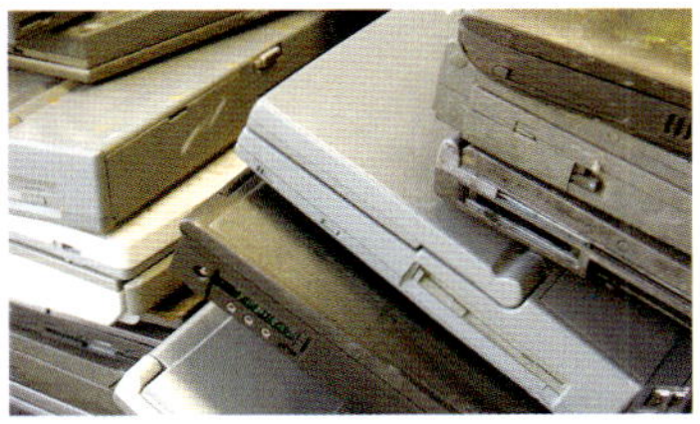

部品に解体《かいたい》する　バッテリーをはずし、プリント基板《きばん》、記憶装《きおくそう》置《ち》、ケース、電源部《でんげんぶ》、ディスプレーなどに分けられる。

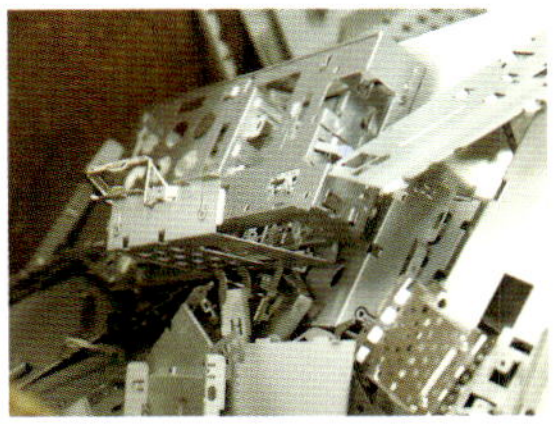

くだいた部品　金属《きんぞく》、ガラス、プラスチックなどがまじっている。

選別《せんべつ》・資源回収《しげんかいしゅう》　鉄・金・銀・銅《どう》・アルミニウム・ステンレス・パラジウムなどの金属《きんぞく》やレアメタルを機械《きかい》で選別《せんべつ》する。

回収《かいしゅう》された金属《きんぞく》　製錬所《せいれんじょ》や製鋼所《せいこうじょ》でとかされ、金《きん》属別《ぞくべつ》に分けられて、新しい製品《せいひん》に生まれ変わる。

いろいろな電池

使い道によって多くの種類《しゅるい》

どのくらい使われている？

わたしたち日本人は電池（一次電池）を年に30億個《おくこ》以上《いじょう》、1人当たり24個《こ》近く使っているそうです。また電池の生産量《せいさんりょう》は、1年間に37億個《おくこ》です。

電池には、いろいろな大きさや形があり、小型《こがた》家電に組みこまれている場合は、電池がどこにあるのかわからないこともあります。

電池の種類《しゅるい》と形

電池を大きく分けると、充電《じゅうでん》できない一次電池と、充電《じゅうでん》できる二次電池があります。

個数《こすう》では一次電池が60％、二次電池が40％ほどですが、金額《きんがく》では、二次電池が90％をこえます。

形は、大きさが単《たん》1から単《たん》5までの円筒形《えんとうけい》の電池のほか、ボタン形《がた》やコイン形《がた》の電池、角形やガム形《がた》の電池など、いろいろです。

電池の形と生産量《せいさんりょう》

電池は1年間に37億個《おくこ》も生産《せいさん》されている。なかでも多いのは電極《でんきょく》にリチウムという金属《きんぞく》を使った電池だ。

電池の生産量《せいさんりょう》

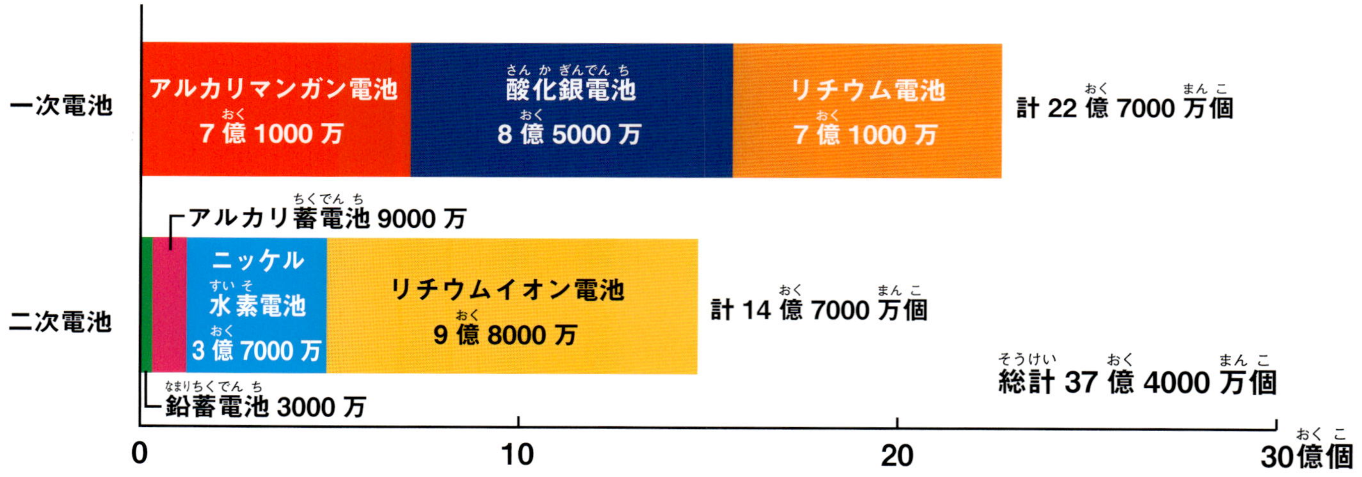
一次電池
アルカリマンガン電池
7億《おく》1000万
酸化銀電池《さんかぎんでんち》
8億《おく》5000万
リチウム電池
7億《おく》1000万
計22億《おく》7000万個《まんこ》
二次電池
アルカリ蓄電池《ちくでんち》9000万
ニッケル水素電池《すいそでんち》
3億《おく》7000万
リチウムイオン電池
9億《おく》8000万
計14億《おく》7000万個《まんこ》
鉛蓄電池《なまりちくでんち》3000万
総計《そうけい》37億《おく》4000万個《まんこ》
0
10
20
30億個《おくこ》

一般社団法人電池工業会HP「電池の総生産」2015年より

電池の形

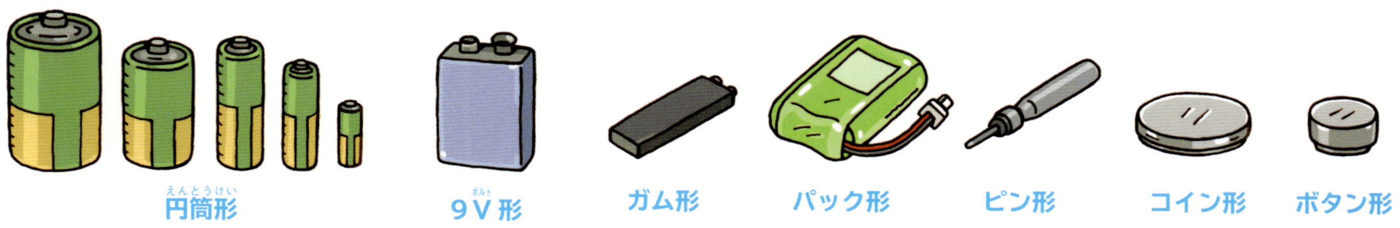
円筒形《えんとうけい》
9V《ボルト》形
ガム形
パック形
ピン形
コイン形
ボタン形

おもな電池と使われ方

マンガン乾電池《かんでんち》　古くから使われてきた一次電池で、今もテレビのリモコン、置《お》き時計《どけい》などに広く使われている。

アルカリ乾電池《かんでんち》　マンガン乾電池《かんでんち》を改良《かいりょう》した一次電池で、ラジカセなどに多く使われている。

アルカリボタン電池　酸化銀電池《さんかぎんでんち》を安くつくれるように改良《かいりょう》したもの。おもちゃなどに使われている。

ボタン形《がた》酸化銀電池《さんかぎんでんち》　電圧《でんあつ》が非常《ひじょう》に安定しているのが特長《とくちょう》。クォーツ時計《どけい》などに使われている。

ニッケル系《けい》一次電池　ニッケルを使った電池で、デジタルカメラなどに使われている。

コイン形リチウム電池　小型《こがた》の二次電池で、炊飯器《すいはんき》、スマホ、ノートパソコンなどに使われている。

ボタン形《がた》空気亜鉛電池《あえんでんち》　空気中の酸素《さんそ》を利用《りよう》する二次電池。長持ちするのが特長《とくちょう》で、補聴器《ほちょうき》などに使われている。

ニッケル水素電池《すいそでんち》　ニッケルを使った二次電池で、ハイブリッドカーなどに使われている。

ニカド電池　二次電池として古くから使われてきた。電動工具、コードレス電話などに使われている。

電池の出し方とリサイクル

有害物質《ゆうがいぶっしつ》がふくまれているものもある

使えなくなった電池は

充電《じゅうでん》できない電池はもちろん、充電式《じゅうでんしき》の二次電池でも、くり返し充電《じゅうでん》していると使用時間が短くなるので、とりかえることがあります。

電池は、他のごみとは別《べつ》に回収《かいしゅう》することになっています。というのは、電池のなかには水銀、鉛《なまり》、カドミウムなどの有害《ゆうがい》な物質《ぶっしつ》をふくむものがあるからです。また、ニッケルやリチウムなどのレアメタルをふくむ電池もあります。

ただ、形や色だけでは、電池の種類《しゅるい》を正確《せいかく》に見分けることができません。そのため、種類《しゅるい》ごとにマークをつけて目印《めじるし》にしています。

乾電池《かんでんち》は市町村で収集《しゅうしゅう》していますが、充電式《じゅうでんしき》の電池は販売店《はんばいてん》などにもどすのがきまりで、専用《せんよう》の回収《かいしゅう》ボックスに入れます。ボタン形の電池にも、専用《せんよう》の回収《かいしゅう》ボックスがあります。

二次電池の出し方

充電式電池《じゅうでんしきでんち》には、いろいろな種類《しゅるい》がある。下図のマークがついている電池は、専用《せんよう》の回収《かいしゅう》ボックスに入れる。出すときは、電池どうしが接触《せっしょく》してショートしないよう、電極《でんきょく》にセロハンテープをはる。

充電《じゅうでん》できない電池　市町村のきまりにしたがって出す。

リサイクルマークのある電池

ニカド電池　ニッケル水素電池《すいそでんち》　リチウムイオン電池

ニッケル、リチウムなどのレアメタル、有害《ゆうがい》なカドミウムが使われている電池を回収《かいしゅう》している。

充電式電池《じゅうでんしきでんち》の回収《かいしゅう》ボックス

ボタン形の電池

ボタン形

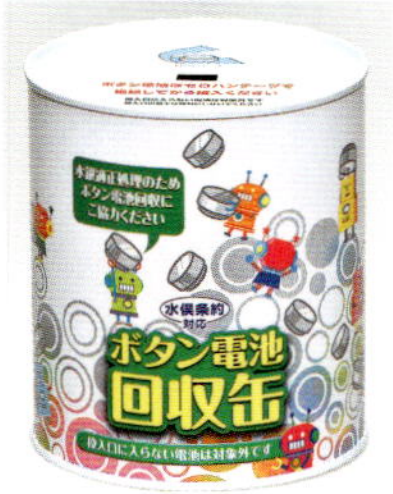

ボタン形電池の回収缶《かいしゅうかん》

昔の乾電池《かんでんち》には水銀が使われていましたが、清掃工場《せいそうこうじょう》の排《はい》ガスに水銀がふくまれて、大きな問題になったの。それで、1991（平成《へいせい》3）年からは日本でつくる乾電池《かんでんち》には、水銀はふくまれなくなりました。環境《かんきょう》に対するみんなの意識《いしき》が高まった結果《けっか》よ。

電池のリサイクル

回収《かいしゅう》された小型充電式電池《こがたじゅうでんしきでんち》は、リサイクル工場《こうじょう》でニッケル、鉄《てつ》、カドミウム、コバルトなどの資源《しげん》にふたたび生《う》まれ変《か》わる。

リサイクル工場で再資源化《さいしげんか》されるまで

分別《ぶんべつ》

ニカド電池、ニッケル水素電池《すいそでんち》、リチウムイオン電池を手作業で分ける。

ニカド電池 Ni-Cd

ニッケル水素電池《すいそでんち》 Ni-MH

リチウムイオン電池 Li-ion

解体《かいたい》・分離《ぶんり》

電池《でんち》ケースから電池を取り出すなど、再資源化《さいしげんか》の準備《じゅんび》をする。

熱処理《ねつしょり》

熱《ねつ》を加《くわ》え、成分《せいぶん》を分ける。

ロータリーキルン

真空炉《しんくうろ》

再生《さいせい》される資源《しげん》

- 粗《そ》カドミウム（再生《さいせい》されるカドミウム原料《げんりょう》）
- 鉄《てつ》・ニッケル
- コバルト、鉄《てつ》、アルミニウム、銅《どう》など

生まれ変《か》わった製品《せいひん》

- ニカド電池の材料《ざいりょう》
- ステンレス製品《せいひん》の材料《ざいりょう》
- 磁石《じしゃく》などの材料《ざいりょう》

＊一般社団法人 JBRC の HP より一部転記

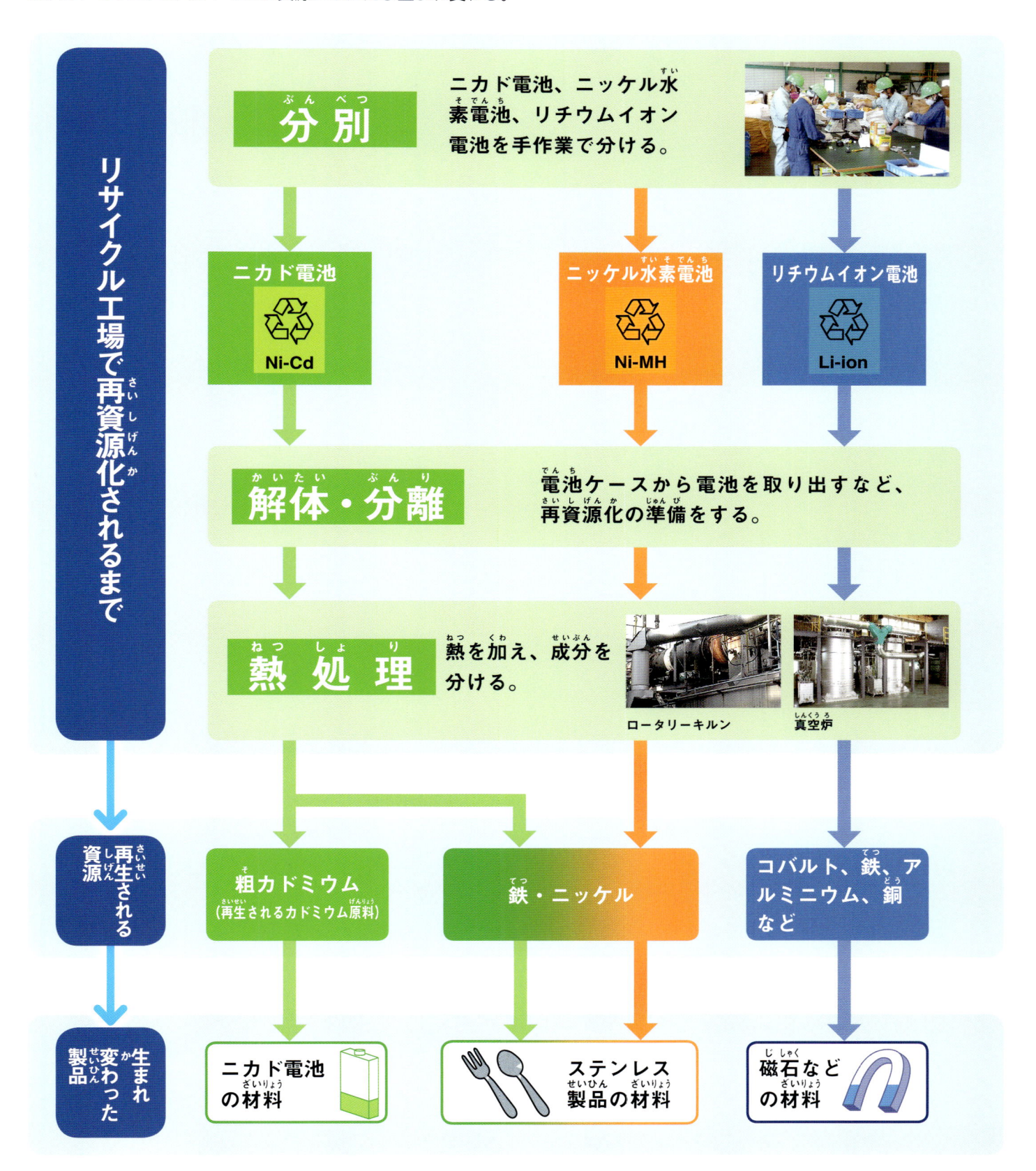

自動車の数

自動車の生産《せいさん》・使用とリサイクル

自動車の生産台数と保有台数《ほゆうだいすう》

日本では 2015 年に、928 万台の自動車が生産されました。トラックとバスをあわせて 145 万台、乗用車は 783 万台です。乗用車は 397 万台が輸出《ゆしゅつ》され、輸入《ゆにゅう》された台数もあるので、さしひきすると、1 年間に新車として販売《はんばい》された乗用車は 422 万台です。

この台数は、新車だけの数で、売られてから何年も使われている自動車もあります、日本中にある乗用車の台数は 6000 万台以上《いじょう》になります。

リサイクルされる自動車の数

使っている自動車は、中古車として売り買いされることもありますが、だいたい 10 年くらいで廃車《はいしゃ》にされています。近年は毎年 100 万台くらいの中古車が輸出《ゆしゅつ》されているので、2015 年に売られた 422 万台の新車も、10 年くらいたつと 320 万台くらいが国内で廃車《はいしゃ》になる計算になります。

廃車《はいしゃ》はリサイクル工場に運ばれて解体《かいたい》・破砕《はさい》され、部品や素材《そざい》がふたたび使われます。

乗用車の保有台数《ほゆうだいすう》と新車販売台数《しんしゃはんばいだいすう》

乗用車は 1970 年ごろから急にふえ出し、近年は 6000 万台をこえている。そのうち、新車は 420 万台くらいだ。

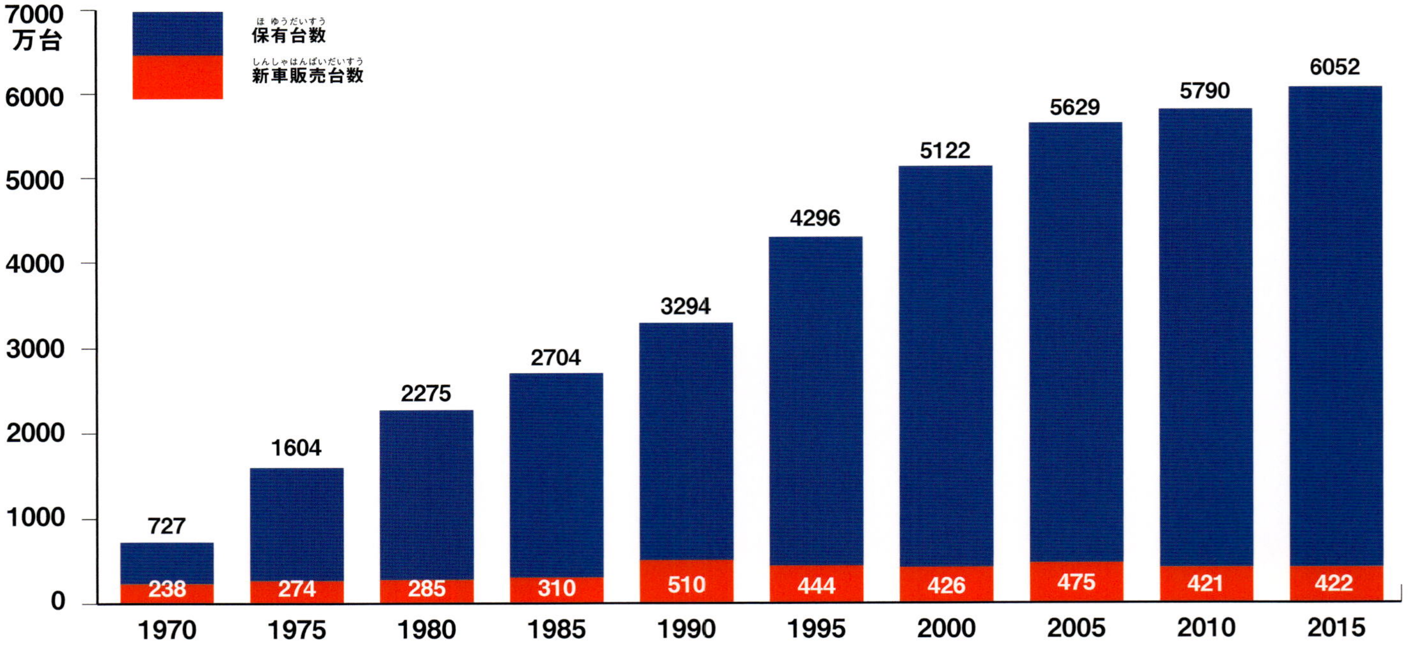

保有台数は各年度末の登録台数（自動車検査登録情報協会 HP）
新車販売台数は日本自動車工業会 HP による

自動車の部品と素材《そざい》

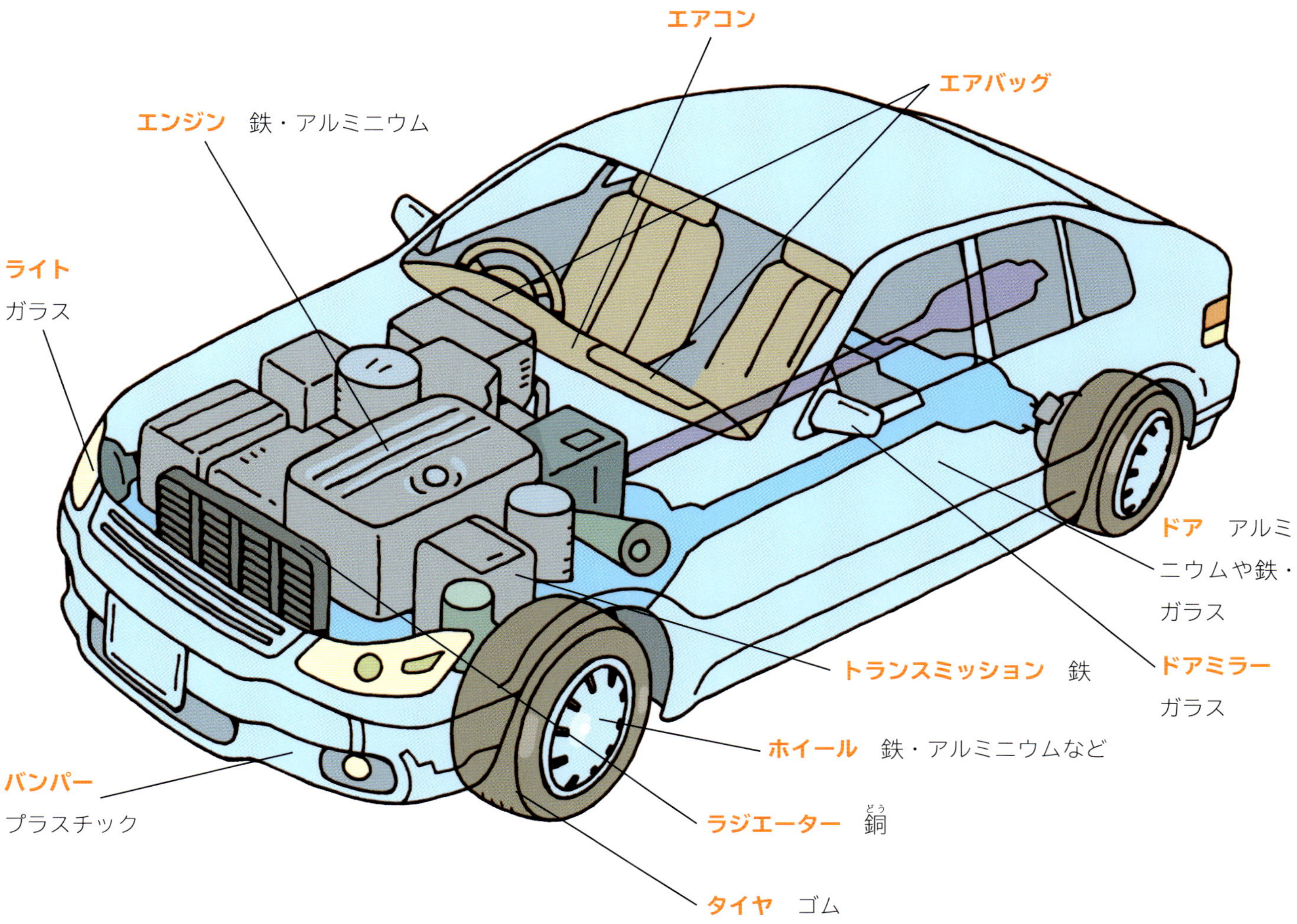
エアコン
エアバッグ
エンジン　鉄・アルミニウム
ライト
ガラス
ドア　アルミニウムや鉄・ガラス
トランスミッション　鉄
ドアミラー
ガラス
ホイール　鉄・アルミニウムなど
バンパー
プラスチック
ラジエーター　銅《どう》
タイヤ　ゴム

自動車の部品の重さ（1台1100kgの場合）

自動車をつくっている部品を重さで見ると、エンジンや車体などに金属《きんぞく》の部品が多い。シュレッダーダストは自動車を粉砕《ふんさい》し、鉄などの資源《しげん》を回収《かいしゅう》した後に残《のこ》るガラス・ゴム・樹脂《じゅし》などの破片《はへん》のことで、これもかなりの量《りょう》になる。そのほか、タイヤ、燃料《ねんりょう》などがあり、割合《わりあい》を図でしめすと、右のようになる。

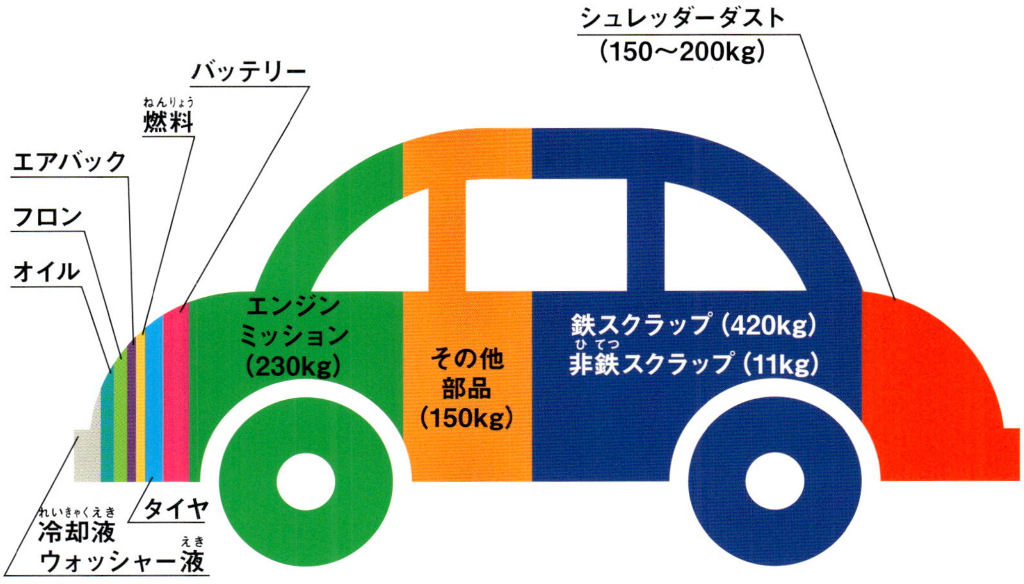
シュレッダーダスト
（150〜200kg）
バッテリー
燃料《ねんりょう》
エアバック
フロン
オイル
エンジン
ミッション
（230kg）
その他
部品
（150kg）
鉄スクラップ（420kg）
非鉄《ひてつ》スクラップ（11kg）
タイヤ
冷却液《れいきゃくえき》
ウォッシャー液《えき》

自動車のリサイクル

どのようにリサイクルされるのか

解体《かいたい》して素材《そざい》ごとに分ける

2005（平成《へいせい》17）年に自動車リサイクル法《ほう》が制定《せいてい》され、自動車メーカーや輸入業者《ゆにゅうぎょうしゃ》に対し、シュレッダーダストのほか、エアバッグ類《るい》やフロン類《るい》を引き取り、リサイクル・処理《しょり》することが義務《ぎむ》づけられました。

解体工場《かいたいこうじょう》に運ばれてきた自動車《じどうしゃ》からは、まず、ガソリンやエアコンのフロン類《るい》をぬきます。

それから解体《かいたい》して、まだ使える部品を取り出します。その後、手作業でとれる金属《きんぞく》を取ったり、プラスチック、ガラスなども回収《かいしゅう》して、別々《べつべつ》に処理《しょり》します。最後《さいご》にシュレッダーにかけて粉々《こなごな》にしたりして、金属資源《きんぞくしげん》を回収《かいしゅう》し、残《のこ》るのがシュレッダーダストです。

自動車のリサイクル

解体前《かいたいまえ》の作業

残《のこ》っているガソリンをぬく　燃《も》えやすい燃料《ねんりょう》なので、解体前《かいたいまえ》にぬかないと危険《きけん》。

エアコンのフロンをぬく　フロンは回収《かいしゅう》して処理業者《しょりぎょうしゃ》に送る。

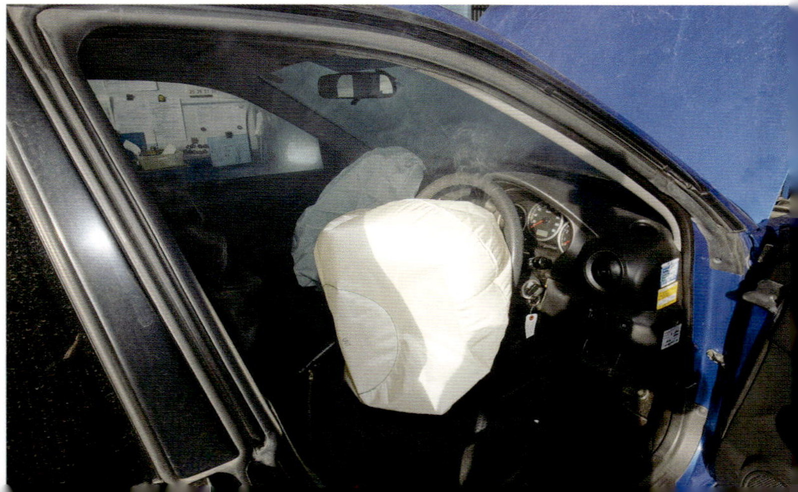

エアバッグを破裂《はれつ》させる　事故《じこ》で衝突《しょうとつ》したときに瞬間的《しゅんかんてき》にふくらむエアバッグには、ガス発生装置《はっせいそうち》が使われている。解体前《かいたいまえ》にあらかじめ爆発《ばくはつ》させておく。

リサイクル工場に運びこまれる廃車《はいしゃ》　大きなトラックに積《つ》まれてくる。

解体《かいたい》して、おもな部品を取り出す

ドア

エンジン

バンパー

タイヤ（上）とタイヤホイール（右）

サスペンション

貴重《きちょう》な資源《しげん》の取り出し

自動車の電子部品

電子部品から資源《しげん》を回収《かいしゅう》　この工場では、自動車に使われている電子部品から、金や銅《どう》などでつくられた電線や基板《きばん》などを手作業で回収《かいしゅう》している。

回収《かいしゅう》した金属《きんぞく》

部品のリユース

すりへったタイヤは事故《じこ》の原因《げんいん》になるので、新しいタイヤにかえるように、自動車はときどき部品をとりかえる。このとき、廃車《はいしゃ》のとりかえてまもないタイヤや、事故車《じこしゃ》のいたんでいない部品はリユースすることができる。

こうした中古部品を喜《よろこ》んで使ってくれるところがある。自動車の修理工場《しゅうりこうじょう》だ。いたんだ部品をとりかえるとき、中古部品のほうが新品より安く手に入り、修理《しゅうり》をたのんだ人にも喜《よろこ》んでもらえるからだ。

このリサイクル工場では、インターネットで国内はもちろん、外国からの注文にもこたえている。

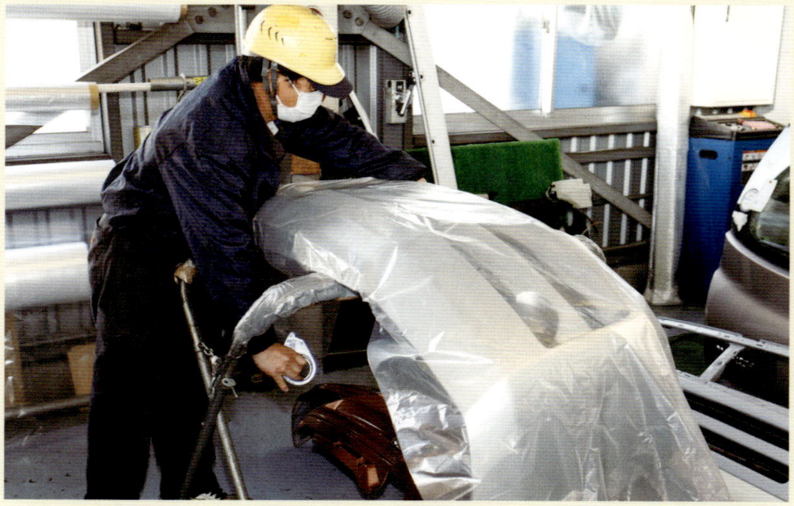

部品を梱包《こんぽう》　中古部品として売るため、ていねいにみがき、運送中にいたまないようにつつむ。

販売用《はんばいよう》の中古タイヤとタイヤホイール

廃車《はいしゃ》をプレスする

部品などを取り出したあとの車体は、圧縮《あっしゅく》してかためる。

圧縮《あっしゅく》した車体　運びやすいように、四角くかためられている。

シュレッダー工場

車体をシュレッダーで細かくくだく。そのあと、風力・磁力《じりょく》・ふるいなど、さまざまな選別機《せんべつき》にかけてスチールやアルミニウムなどの資源《しげん》とシュレッダーダストに分ける。シュレッダーダストはエネルギー利用《りよう》・素材回収《そざいかいしゅう》などが行われている。

回収《かいしゅう》された資源《しげん》

スチールは建築資材《けんちくしざい》など、さまざまな鉄鋼製品《てっこうせいひん》になり、アルミニウムはエンジンなどに生《う》まれ変《か》わる。

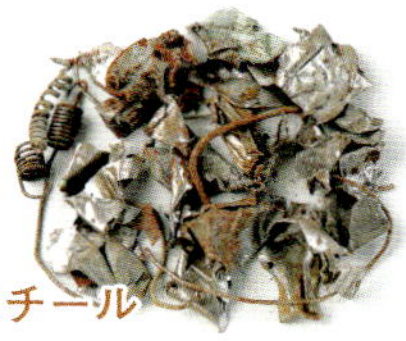

スチール

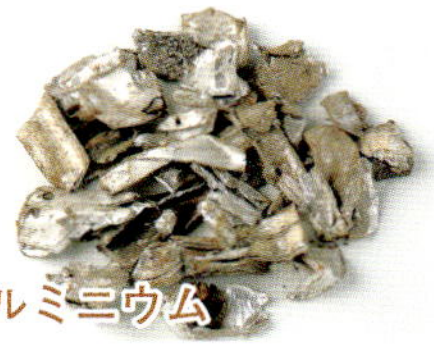

アルミニウム

自動車のエコデザイン

自動車の３Ｒ《スリーアール》

自動車と環境問題《かんきょうもんだい》

自動車の排気《はいき》ガスにふくまれる有害物質《ゆうがいぶっしつ》が、大気汚染《たいきおせん》の大きな原因《げんいん》になったことがありました。そこで、有害物質《ゆうがいぶっしつ》をへらすくふうがされました。

さらに燃料消費《ねんりょうしょうひ》を少なくするくふうも重ねられています。燃料《ねんりょう》を燃《も》やすことそのものが、地球温暖化《ちきゅうおんだんか》の原因《げんいん》となる二酸化炭素《にさんかたんそ》を発生させるからです。そのため車体を軽くしたり、電気モーターを動力に使ったりして、使う燃料《ねんりょう》をへらしています。

資源《しげん》のむだをへらす

燃料《ねんりょう》の消費《しょうひ》をへらすだけでなく、自動車をつくる段階《だんかい》や、リサイクルする段階《だんかい》で、できるだけ資源《しげん》のむだを出さないよう設計《せっけい》するエコデザインのくふうもされています。

また、ガソリンと電気の両方で走ることができるハイブリッド車や、ガソリンを使わない電気自動車・燃料電池車《ねんりょうでんちしゃ》といった、省《しょう》エネのくふうがされた車も身近になってきました。

３Ｒ《スリーアール》エコデザインのくふう

製造《せいぞう》から運輸《うんゆ》・販売《はんばい》、使用中、使用後まで、すべての段階《だんかい》で３Ｒ《スリーアール》と省《しょう》エネのくふうがされている。３Ｒ《スリーアール》とは、リデュース（発生抑制《はっせいよくせい》）、リユース（再使用《さいしよう》）、リサイクル（再生利用《さいせいりよう》）の３つだ。

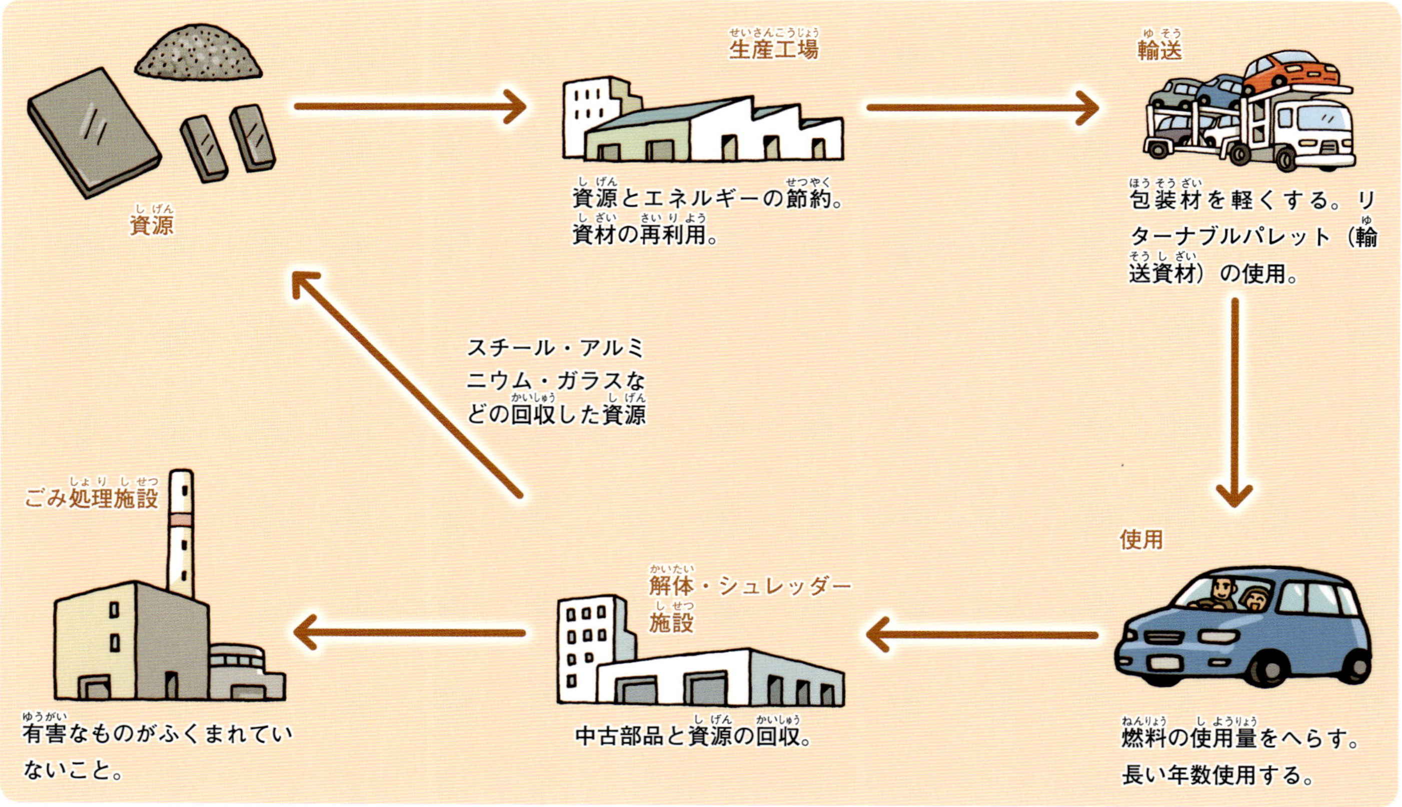
資源《しげん》
生産工場《せいさんこうじょう》
資源《しげん》とエネルギーの節約《せつやく》。
資材《しざい》の再利用《さいりよう》。
輸送《ゆそう》
包装材《ほうそうざい》を軽くする。リターナブルパレット（輸《ゆ》送資材《そうしざい》）の使用。
使用
燃料《ねんりょう》の使用量《しようりょう》をへらす。
長い年数使用する。
解体《かいたい》・シュレッダー施設《しせつ》
中古部品と資源《しげん》の回収《かいしゅう》。
ごみ処理施設《しょりしせつ》
有害《ゆうがい》なものがふくまれていないこと。
スチール・アルミニウム・ガラスなどの回収《かいしゅう》した資源《しげん》

リサイクルしやすい車づくり

自動車のリサイクルをすすめるには、製造《せいぞう》のときからリサイクルしやすいようにくふうすることが大切。部品にリサイクルしやすい材料《ざいりょう》を使う、部品がかんたんに取りはずせるように設計《せっけい》することなどだ。

自動車の部品とその再生品《さいせいひん》

部品はそれぞれに回収《かいしゅう》され、いろいろなものに再生《さいせい》される。

たとえば、プラスチック部品はプラスチック製《せい》のバンパー、アルミニウムの部品は地金《じがね》に再生《さいせい》して、新しいエンジンなどになる。そのほか、図のように再生《さいせい》される。

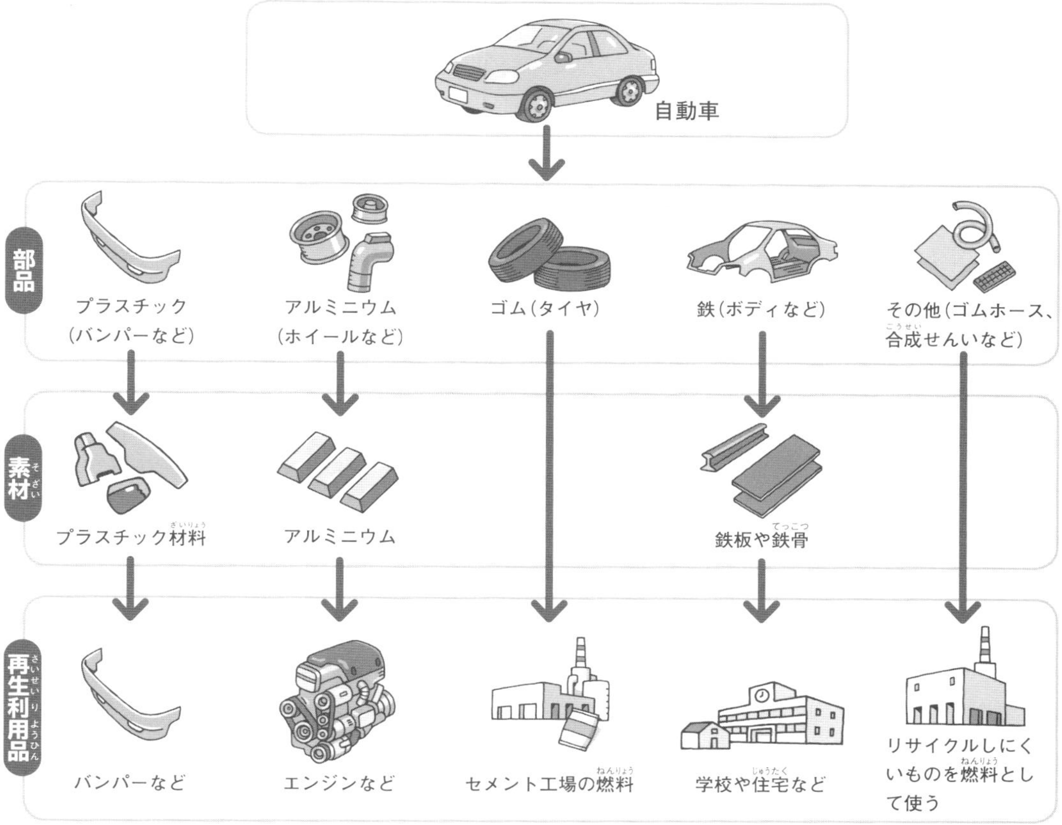

燃費《ねんぴ》の改善《かいぜん》

燃費《ねんぴ》とは、１Ｌ《リットル》の燃料《ねんりょう》で走れる距離《きょり》をしめした数字だ。距離《きょり》が大きいほど「燃費《ねんぴ》がよい」といわれ、二酸化炭素《にさんかたんそ》などの排出《はいしゅつ》がへるし、ガソリン代も安くなる。

燃費《ねんぴ》がよいと、性能《せいのう》がよい製品《せいひん》としてよく売れるため、メーカーは燃費《ねんぴ》の改善《かいぜん》につとめてきた。

ガソリン1L《リットル》で走れる距離《きょり》(ガソリン乗用車全体)

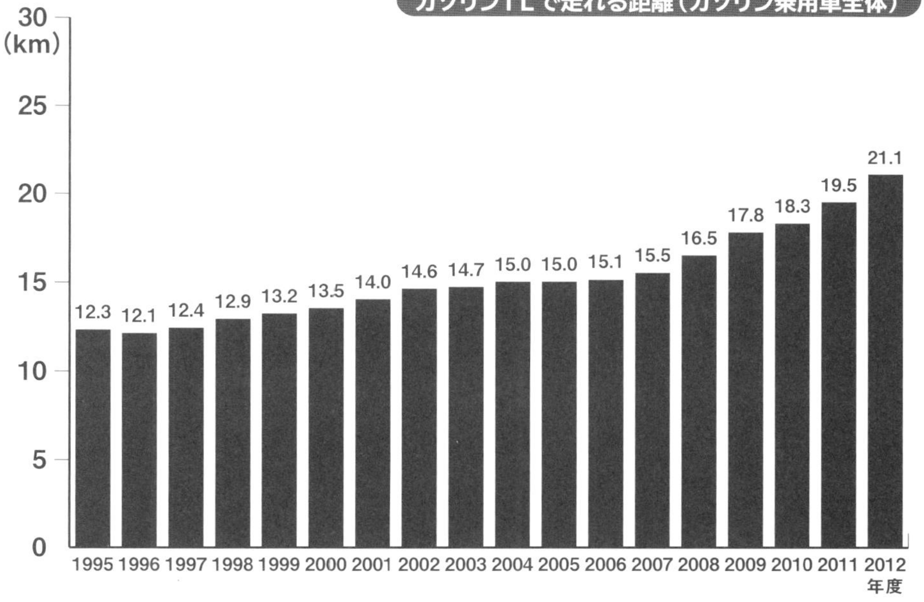

国土交通省「自動車燃費一覧」
ガソリン乗用車 10.15 モードの平均

もっとくわしく知りたい人へ

家電・スマホ・電池・自動車のリサイクル

家電のリサイクル

9ページで家電リサイクル法《ほう》のしくみを紹介《しょうかい》しました。大型《おおがた》で量《りょう》も多い冷蔵庫《れいぞうこ》・洗《せん》たく機《き》・エアコン・テレビの４品目について、家電メーカー、販売店《はんばいてん》、消費者《しょうひしゃ》が責任《せきにん》を分担《ぶんたん》してリサイクルすることが法律《ほうりつ》で義務付《ぎむづ》けられ、2001（平成《へいせい》13）年から実施《じっし》されています（その後、冷凍庫《れいとうこ》・衣類《いるい》乾燥機《かんそうき》を追加《ついか》）。それによって、これらの家電製《かでんせい》品《ひん》は市町村の粗大《そだい》ごみの収集《しゅうしゅう》に出すのではなく、販売店《はんばいてん》に引き取ってもらうなどの方法《ほうほう》でリサイクルされています。

2001年の実施《じっし》から、どれくらいの数の家電《かでん》製品《せいひん》が引き取られたのかをグラフにしめしました。

回収《かいしゅう》された家電製品《かでんせいひん》の数

（家電製品協会「家電リサイクル年次報告／家電４品目の引取台数」
［2010年が突出《とっしゅつ》しているのは、テレビ放送がデジタル化されたため］）

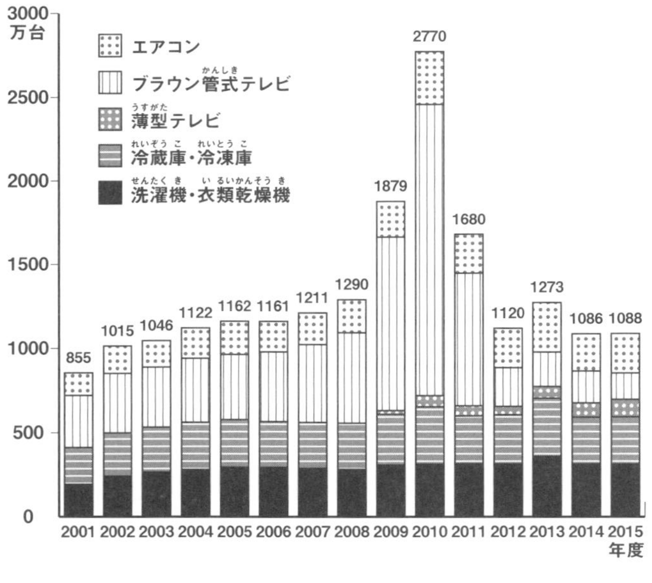
3000
万台
2500
2000
1500
1000
500
0
エアコン
ブラウン管式《かんしき》テレビ
薄型《うすがた》テレビ
冷蔵庫《れいぞうこ》・冷凍庫《れいとうこ》
洗濯機《せんたくき》・衣類乾燥機《いるいかんそうき》
855
1015
1046
1122
1162
1161
1211
1290
1879
2770
1680
1120
1273
1086
1088
2001 2002 2003 2004 2005 2006 2007 2008 2009 2010 2011 2012 2013 2014 2015
年度

【回収《かいしゅう》された資源《しげん》の量《りょう》】家電リサイクル法《ほう》のしくみで引き取られた家電製品《かでんせいひん》は、実施《じっし》から15年間で１億《おく》9000万台になります。それを解体《かいたい》して再生《さいせい》された金属《きんぞく》などの資源《しげん》の量《りょう》は１年間に40万トン近くになります。

家電製品《かでんせいひん》から回収《かいしゅう》された資源《しげん》

（家電製品協会「家電リサイクル年次報告」家電リサイクル法の対象品目から回収された有価物）

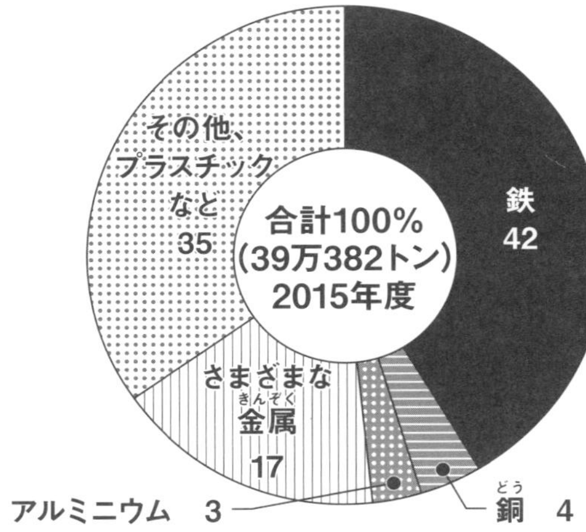
その他、
プラスチック
など
35
合計100%
(39万382トン)
2015年度
鉄
42
さまざまな
金属《きんぞく》
17
アルミニウム　3
銅《どう》　4

小型家電《こがたかでん》のリサイクル

小型家電《こがたかでん》リサイクル法《ほう》は、家電リサイクル法《ほう》で指定されている製品《せいひん》以外《いがい》の家電製品《かでんせいひん》の回収《かいしゅう》を行うしくみを定めたものです。回収《かいしゅう》するものには、携帯電話《けいたいでんわ》やスマホ、デジタルカメラなど、おもに家の外で使うことが多い小さな製品《せいひん》までふくまれます。

製品《せいひん》の中の電子部品には、レアメタルとよばれる希少《きしょう》な金属《きんぞく》がよく使われていて、回収《かいしゅう》すればレアメタルを再利用《さいりよう》することができます。ひとつずつは小さくても、数が多いので、回収《かいしゅう》すれば資源《しげん》の山です。それが人口の多い都市にたくさんあることから「都市鉱山《としこうざん》」とよばれています。

小型家電《こがたかでん》の回収《かいしゅう》は、23 ページの図にしめされているように、メーカーや販売店《はんばいてん》、消費者《しょうひしゃ》だけでなく、市町村にも協力《きょうりょく》することが求《もと》められています。

多くの市町村が小型家電《こがたかでん》の回収場所《かいしゅうばしょ》をもうけて回収《かいしゅう》していますが、対象《たいしょう》とする製品《せいひん》は市町村ごとの考え方によってちがいます。たとえば、店で回収《かいしゅう》するしくみがあるパソコン、携帯電話《けいたいでんわ》、スマホは、市町村によって、回収《かいしゅう》するところと回収《かいしゅう》しないところがあります。

何を回収《かいしゅう》しているかは、市町村ごとのホームページや回収場所《かいしゅうばしょ》の案内板《あんないばん》で知らせています。

蛍光管《けいこうかん》と電池のリサイクル

蛍光管《けいこうかん》と電池は特別《とくべつ》なものとして、ほかのごみと分けて回収《かいしゅう》されてきました。

【蛍光管《けいこうかん》】 蛍光管《けいこうかん》には、有害《ゆうがい》な水銀が少しふくまれています。

それで蛍光管《けいこうかん》だけを分別《ぶんべつ》して回収《かいしゅう》し、特定《とくてい》のリサイクル業者にひきわたします。蛍光管《けいこうかん》は破砕《はさい》してガラス、鉄・マンガンなどの金属《きんぞく》を回収《かいしゅう》し、水銀は別《べつ》の処理《しょり》をして再生《さいせい》しています。

【電池】 電池には使いきりの一次電池と充電《じゅうでん》できる二次電池があります。昔は一次電池に水銀を使っていました。

1980 年代には、ごみにまざっていた一次電池の水銀が清掃《せいそう》工場の排《はい》ガスにふくまれていることが問題になり、蛍光管《けいこうかん》と同様に分別回収《ぶんべつかいしゅう》がはじまりました。

二次電池にはニッケル、リチウムなどのレアメタルが使われています。それらは貴重《きちょう》な金属資源《きんぞくしげん》ですが、カドミウムなどの有害《ゆうがい》な金属《きんぞく》がふくまれている電池もあるので、32 ページの図のように種類別《しゅるいべつ》のマークをつけ、市町村とは別《べつ》に販売店《はんばいてん》などのルートで回収《かいしゅう》しています。

電池の回収量《かいしゅうりょう》

（電池工業会「統計データ」＊四捨五入の関係で合計と合わない場合がある）

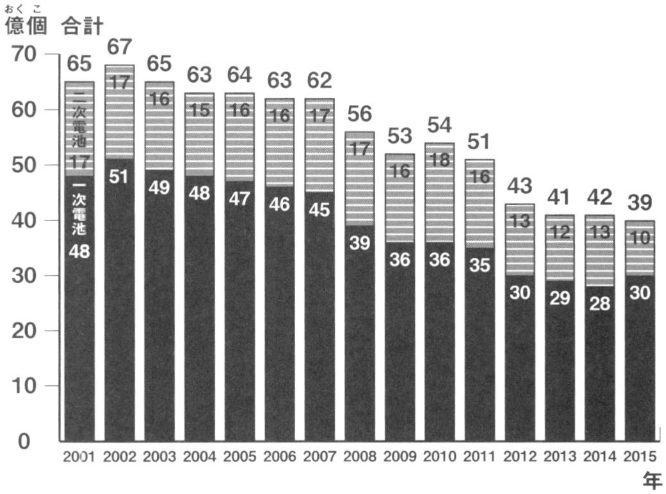

自動車のリユースとリサイクル

自動車は、中古車として売り買いされたり、部品を取りはずして販売《はんばい》するなどのリユース（再使用《さいしよう》）、リサイクルが行われています。

【自動車のリサイクル】 自動車は、ふつうの大きさの自家用車でも重さが 1 トンくらいあります。そのうえ、金属《きんぞく》、ガラス、ゴム、プラスチック、布《ぬの》など、いろいろな素材《そざい》が使われています。

34 ～ 39 ページで紹介《しょうかい》したように、自動車を解体《かいたい》した部品は素材《そざい》の種類《しゅるい》ごとに選別《せんべつ》し、金属《きんぞく》などを回収《かいしゅう》しています。

自動車には 1 台ずつナンバープレートによる登録制度《とうろくせいど》があるので、廃車《はいしゃ》の数もわかります。

古タイヤが公園の遊具や漁船《ぎょせん》の緩衝材《かんしょうざい》（衝突《しょうとつ》のショックをやわらげるもの）など、別《べつ》の用途《ようと》に利用《りよう》されているものもあります。

フロン類《るい》の回収《かいしゅう》

冷蔵庫《れいぞうこ》、家電製品《かでんせいひん》と自動車のエアコンは、解体《かいたい》する前にフロン類《るい》をぬいて回収《かいしゅう》しています。フロン類《るい》は、冷蔵庫《れいぞうこ》などで熱《ねつ》を移動《いどう》させる冷媒《れいばい》として使われています。冷媒《れいばい》の働《はたら》きについては、冷蔵庫《れいぞうこ》のしくみ（7 ページ）を見てください。

【回収《かいしゅう》が必要《ひつよう》な理由】 フロンにはいろいろな種類《しゅるい》があり、合わせて「フロン類《るい》」といいます。毒性《どくせい》はなく、地球環境《ちきゅうかんきょう》への悪影響《あくえいきょう》もないと考えられていました。

ところが、大気中に出たフロン類《るい》によって、生物にとって有害《ゆうがい》な紫外線《しがいせん》をやわらげている大気のオゾン層《そう》が破壊《はかい》され、南極《なんきょく》上空にオゾンホールという大きな穴《あな》があいていることがわかりました。そこで、フロン類《るい》のうち、とくにオゾン層《そう》を破壊《はかい》しやすいものを「特定《とくてい》フロン」として国際的《こくさいてき》に指定し、環境《かんきょう》への影響《えいきょう》が少ない「代替《だいたい》フロン」とよばれるフロン類《るい》にきりかえたうえ、それも回収《かいしゅう》することが義務《ぎむ》づけられています。

その結果《けっか》、今ではオゾンホールの拡大《かくだい》がとまっていることが観測《かんそく》されています。ところが、「代《だい》替《たい》フロン」には地球温暖化《ちきゅうおんだんか》をまねく性質《せいしつ》が強いことがわかりました。そこで、「代替《だいたい》フロン」からさらに環境《かんきょう》への影響《えいきょう》が少ないものへの切りかえがすすんでいます。

環境《かんきょう》に影響《えいきょう》があることに気づいたら対策《たいさく》をとり、改善《かいぜん》していくことが大切です。

参考《さんこう》になるサイト

たくさんのサイトがあります。名前を入れて検索《けんさく》してみてください。

家電製品《かでんせいひん》について

▶日本電機工業会

家電製品《かでんせいひん》のリサイクルについて

▶家電製品協会《かでんせいひんきょうかい》　家電リサイクル
▶経済産業省《けいざいさんぎょうしょう》　家電リサイクル法《ほう》
▶JFE《ジェーエフイー》アーバンリサイクル

家電製品《かでんせいひん》のエコデザインについて

▶家電製品協会《かでんせいひんきょうかい》　環境配慮設計《かんきょうはいりょせっけい》

小型家電《こがたかでん》のリサイクルについて

▶環境省《かんきょうしょう》　小型家電《こがたかでん》リサイクル法《ほう》
▶リーテム

スマホ・携帯電話《けいたいでんわ》のリサイクルについて

▶モバイル・リサイクル・ネットワーク

パソコンのリサイクルについて

▶パソコン3R推進協会《スリーアールすいしんきょうかい》

電池について

▶電池工業会

自動車について

▶日本自動車工業会
▶日本自動車販売協会連合会《はんばいきょうかいれんごうかい》
▶エコアール

全巻《ぜんかん》さくいん

この全巻《ぜんかん》さくいんの見かた

調べたい言葉（あいうえお順《じゅん》）　　説明《せつめい》がある巻《かん》とページ

例《れい》　新聞紙 …… ❷-5,10 ❺-6

➡この例《れい》では、第《だい》2巻《かん》の5,10ページと第《だい》5巻《かん》の6ページ。

あ

赤潮《あかしお》 …… ❻-36,37
空きかん …… ❶-36 ❸-14,18,19,42,43
空きびん …… ❸-6,8,9,11,12
アスベスト（石綿《いしわた》） …… ❶-7,32
アルミかん …… ❶-25 ❸-14,17～21,42,43 ❺-30,31
アルミかんのマーク …… ❸-17
アルミかんのリサイクル …… ❸-20,21,42
アルミニウム …… ❶-21 ❸-14～16,19,21,42
イタイイタイ病 …… ❶-20,42
板紙《いたがみ》 …… ❷-4,12,16,43
一般廃棄物《いっぱんはいきぶつ》 …… ❶-6,9,26 ❺-44
衣類《いるい》（衣料《いりょう》） …… ❷-28～38,42,44 ❺-43
衣類乾燥機《いるいかんそうき》 …… ❹-12,22,42
衣類《いるい》のリサイクル工場 …… ❷-34
衣類《いるい》のリユース …… ❷-35
飲料《いんりょう》かん …… ❸-18
ウエス …… ❷-32,34,37,38
雨水《うすい》の利用《りよう》 …… ❻-30,31
海のごみ …… ❻-38,39
埋《う》め立《た》て地《ち》 …… ❶-30 ❺-6,18,27,36 →最終処分場《さいしゅうしょぶんじょう》も見よ
エアコン …… ❶-12,21 ❹-7,8,16,17,21,36,42,44
エアコンのリサイクル …… ❹-16
エコデザイン …… ❹-20,40
エコタウン …… ❶-38,39
エコロジーボトル …… ❸-10
エコロジーボトルのマーク …… ❸-10
汚染者負担《おせんしゃふたん》の原則《げんそく》 …… ❶-43
オゾン …… ❻-14,15
オゾン層《そう》 …… ❶-21,43 ❹-7,44
汚泥《おでい》 …… ❻-16,24,26,27,37,43

か

海水の淡水化《たんすいか》 …… ❻-15
化学せんい …… ❷-26,27,42
拡大生産者責任《かくだいせいさんしゃせきにん》 …… ❶-44
家庭系廃棄物《かていけいはいきぶつ》 …… ❶-6
家電製品《かでんせいひん》 …… ❶-16,37,43 ❹-4,5,8～11,20～22,42,44 ❺-9,24
家電製品《かでんせいひん》のリサイクル …… ❹-10～19,42
家電リサイクル施設《しせつ》 …… ❹-10,11
家電リサイクル法《ほう》 …… ❶-22,23 ❹-8,9,12,42
紙製容器包装識別《かみせいようきほうそうしきべつ》マーク …… ❷-19
紙→古紙《こし》も見よ
紙の種類《しゅるい》 …… ❷-4
紙の使用量《しようりょう》 …… ❷-8,43
紙の生産量《せいさんりょう》 …… ❷-4,43
紙のつくり方 …… ❷-6
紙のマーク …… ❷-15
紙のリサイクル …… ❷-8,43
紙パック …… ❷-11,18,19 ❸-4
紙パック識別《しきべつ》マーク …… ❷-19
紙容器《かみようき》 …… ❷-18 ❸-34
ガラスびん …… ❶-25 ❸-4,6,8,10,42→びんも見よ
ガラスびんのつくり方 …… ❸-6
カレット …… ❸-6,10～13,42 ❺-31
かん …… ❶-25 ❸-14～23,42,43
かんができるまで …… ❸-16
環境基本法《かんきょうきほんほう》 …… ❶-22
環境省《かんきょうしょう》 …… ❶-21,43
環境《かんきょう》（汚染《おせん》）問題《もんだい》 …… ❶-20～22,43 ❹-40
危険《きけん》なごみ …… ❶-32
牛乳《ぎゅうにゅう》パック …… ❷-10,11,18～21
牛乳《ぎゅうにゅう》パックができるまで …… ❷-18
牛乳《ぎゅうにゅう》パック再利用《さいりよう》マーク …… ❷-21
牛乳《ぎゅうにゅう》パックのリサイクル …… ❷-20
牛乳《ぎゅうにゅう》びん …… ❸-5,7～9
拠点回収《きょてんかいしゅう》 …… ❺-9,42
グリーン購入法《こうにゅうほう》 …… ❶-22,23
グリーンマーク …… ❷-11
蛍光管《けいこうかん》 …… ❶-25 ❹-15,22,43 ❺-6
携帯電話《けいたいでんわ》 …… ❹-26,27,42,43
下水汚泥《げすいおでい》の処理《しょり》 …… ❻-26
下水管《げすいかん》 …… ❻-22,28
下水処理水《げすいしょりすい》の利用《りよう》 …… ❻-30,31
下水処理場《げすいしょりじょう》 …… ❻-22～24,26,43
下水処理場《げすいしょりじょう》のしくみ …… ❻-24,25
下水道 …… ❻-22,24,28,32,33,36～38,42,43
下水道のしくみ …… ❻-22,28,29
下水道の料金《りょうきん》 …… ❻-32,33
下水の熱利用《ねつりよう》 …… ❻-29
ケミカルリサイクル …… ❸-44
建設《けんせつ》リサイクル法《ほう》 …… ❶-23
公害《こうがい》 …… ❶-20,22,42,43
工業用水 …… ❻-20
降水量《こうすいりょう》 …… ❻-20,34,42
合成《ごうせい》せんい …… ❷-26,27,42
高度経済成長期《こうどけいざいせいちょうき》 …… ❶-10～12,16～18,20,21,40,43 ❻-43
高度浄水処理《こうどじょうすいしょり》 …… ❻-14,15
小型家電《こがたかでん》 …… ❶-23,25,44 ❹-22～24,30,42,43
小型家電《こがたかでん》のリサイクル …… ❹-26～29,42
小型家電《こがたかでん》マーク …… ❹-23
小型家電《こがたかでん》リサイクル法《ほう》 …… ❶-23 ❹-22,23,28,42
古紙《こし》 …… ❶-24,25 ❷-8～15,22,23,32,42,43
古紙《こし》の回収《かいしゅう》 …… ❷-8,9,40,43
古紙《こし》の分別《ぶんべつ》 …… ❷-10
古紙《こし》のリサイクル …… ❷-11～15
古紙《こし》ボード …… ❷-14,23
個人情報《こじんじょうほう》 …… ❹-23,26
ごみ収集車《しゅうしゅうしゃ》 …… ❺-10～14,40,42

ごみ集積所《しゅうせきじょ》 …… ❺–8〜10,13,42
ごみ処理《しょり》にかかるお金 …… ❺–40
ごみ戦争《せんそう》 …… ❶–20
ごみの計量《けいりょう》 …… ❺–13
ごみの収集《しゅうしゅう》 …… ❺–10,41,42
ごみの中身 …… ❶–12,13
ごみの量《りょう》 …… ❶–8〜11,40 ❺–5,10,14,17,23,34,42,43
ごみ発電 …… ❶–27 ❺–20,21
ごみピット …… ❺–14,15
コンビニ（コンビニエンスストア） …… ❶–13
コンポスト …… ❺–43,44

さ

災害廃棄物《さいがいはいきぶつ》 …… ❶–34,35,44
最終処分《さいしゅうしょぶん》 …… ❶–8,24 ❺–6,32
最終処分場《さいしゅうしょぶんじょう》 …… ❶–27,30,31,35,43 ❺–6,18,19,26,27,32〜41,44
最終処分場《さいしゅうしょぶんじょう》の跡地利用《あとちりよう》 …… ❺–38
最終処分場《さいしゅうしょぶんじょう》の残余年数《ざんよねんすう》 …… ❶–30 ❺–44
最終処分場《さいしゅうしょぶんじょう》の残余容量《ざんようりょう》 …… ❶–30
最終処分場《さいしゅうしょぶんじょう》のしくみ …… ❺–36
再生紙《さいせいし》 …… ❷–14,22,25,40,42
再生《さいせい》パルプ …… ❷–4,6,11,12,14〜16,23,42,43
産業廃棄物《さんぎょうはいきぶつ》 …… ❶–6,7,9,36 ❺–5
事業系廃棄物《じぎょうけいはいきぶつ》（ごみ） …… ❶–6 ❺–42
資源物《しげんぶつ》（資源《しげん》ごみ） …… ❶–24,25 ❷–8,10,20,32,37 ❸–8,14,18,36,37 ❺–6,9,30,31,42,43
資源有効利用促進法《しげんゆうこうりようそくしんほう》 …… ❶–22,23
自動車（乗用車） …… ❶–16,17,20,42〜44 ❸–43 ❹–4,34〜41,43,44
自動車の数 …… ❹–34
自動車のリサイクル …… ❹–36〜39,43
自動車リサイクル法《ほう》 …… ❶–23 ❹–36
自動販売機《じどうはんばいき》 …… ❶–13
収集車《しゅうしゅうしゃ》 …… ❺–10〜14,40,42
集積所《しゅうせきじょ》 …… ❺–8〜10,13,42
集団回収《しゅうだんかいしゅう》 …… ❶–24 ❺–9,30,42
主灰《しゅばい》 …… ❺–12,18,19
シュレッダーダスト …… ❹–39
循環型社会形成推進基本法《じゅんかんがたしゃかいけいせいすいしんきほんほう》 …… ❶–22,43
省《しょう》エネ …… ❹–20,21,40
浄化槽《じょうかそう》 …… ❻–23
焼却炉《しょうきゃくろ》 …… ❶–26,43 ❺–12,14〜20,32
浄水場《じょうすいじょう》 …… ❻–6,8,10,12,13,16,18
上水道→水道を見よ
食品リサイクル法《ほう》 …… ❶–23
食品ロス …… ❶–18,19,43
食料自給率《しょくりょうじきゅうりつ》 …… ❶–19
浸出水《しんしゅつすい》 …… ❺–36,37
新聞紙 …… ❷–5,10 ❺–6
水銀《すいぎん》 …… ❶–20,27,32,42,43 ❹–32,43 ❻–44
水源林《すいげんりん》 …… ❻–9,42
水質悪化《すいしつあっか》 …… ❻–36
水道 …… ❻–5〜8,11,18,22,30,32〜34,42
水道水 …… ❻–8,14
水道の配水《はいすい》 …… ❻–18,19
水道の料金《りょうきん》 …… ❻–32,33
スーパー（スーパーマーケット） …… ❶–4,13,16 ❷–20
スチール …… ❸–14,16,23,43
スチールかん …… ❶–25 ❸–14,17〜19,22,23,43 ❺–30,31
スチールかんのマーク …… ❸–17
スチールかんのリサイクル …… ❸–22,23,43
スマホ（スマートフォン） …… ❶–37,44 ❹–5,24,26〜28,31,42,43
スマホのリサイクル …… ❹–26,27
生活用水 …… ❻–20〜22
生活排水《せいかつはいすい》 …… ❻–22
製紙工場《せいしこうじょう》 …… ❷–7,8,9
清掃工場《せいそうこうじょう》 …… ❶–20,26,43 ❹–43 ❺–11〜14,16,17,20,24,27,32,35,39〜43
生物濃縮《せいぶつのうしゅく》 …… ❻–43,44
セルロースファイバー …… ❷–23
ゼロ・ウェイスト …… ❶–40
ゼロ・エミッション …… ❶–38
せんい …… ❷–6〜8,12,14,15,20,24〜30,32,36,42〜44
洗《せん》たく機《き》 …… ❶–16,17,43 ❹–4,5,8,12,13,22,42
洗《せん》たく機《き》のリサイクル …… ❹–12,13
選別機《せんべつき》 …… ❺–27
粗大《そだい》ごみ …… ❶–17,24 ❺–6,7,24〜28,42,43

た

ダイオキシン類《るい》 …… ❶–27,43 ❺–17
大気汚染《たいきおせん》 …… ❶–43 ❺–18
たい肥《ひ》 …… ❶–27 ❺–22,23
太陽光発電 …… ❺–38
多分別《たぶんべつ》 …… ❺–7
ダム …… ❻–8,9,42
段《だん》ボール …… ❷–4,5,8,10,11,16,17,40,43
段《だん》ボールのマーク …… ❷–17
段《だん》ボールのリサイクル …… ❷–16
地球温暖化《ちきゅうおんだんか》 …… ❶–21,27,40,42〜44, ❹–7,16,20,40,44
地球環境《ちきゅうかんきょう》 …… ❶–22 ❹–44
中央管制室《ちゅうおうかんせいしつ》 …… ❺–16
中間処理《ちゅうかんしょり》 …… ❶–24 ❺–6,32
中古衣類《ちゅうこいるい》（衣料《いりょう》） …… ❷–32,34,35
中水道《ちゅうすいどう》 …… ❻–30,31
ティッシュペーパー …… ❷–4,11,20,21
デポジット制度《せいど》 …… ❸–9,40,41
テレビ …… ❶–16,17,43 ❹–4,8,14,15,21,22,31,42
テレビのリサイクル …… ❹–14,15
電子ごみ …… ❶–37,44
電池 …… ❶–25,43 ❹–22,26,27,30〜33,43 ❺–6
電池の種類《しゅるい》と生産量《せいさんりょう》 …… ❹–30
電池のリサイクル …… ❹–32,33,43
天然《てんねん》せんい …… ❷–26,27,42
トイレットペーパー …… ❷–4,5,11,20,21,43
特別管理廃棄物《とくべつかんりはいきぶつ》 …… ❶–6,7,24,32
都市鉱山《としこうざん》 …… ❹–24〜26,28,43
トレー …… ❶–4 ❸–24,29 ❺–4,30

な

生ごみ …… ❺–7,10,16,22,23,36,43
鉛《なまり》 …… ❶–27,32,37 ❹–32
二酸化炭素《にさんかたんそ》 …… ❶–21,27,38,43 ❹–16,20,40 ❻–43

二次電池《にじでんち》 …… ❹-30～32,43
布《ぬの》 …… ❶-25 ❷-26～32,36,38,40～42,44
布《ぬの》のリサイクル …… ❷-30,41,44
熱利用《ねつりよう》（下水道） …… ❻-29
熱利用《ねつりよう》（清掃工場《せいそうこうじょう》） …… ❶-27 ❺-18,20,21
農業用水 …… ❻-4,6,20

は

バイオガス …… ❺-22,23
バイオハザードマーク …… ❶-7
排《はい》ガス（排気《はいき》ガス） …… ❶-20,27,43 ❹-43
廃棄物《はいきぶつ》 …… ❶-4,6～9,22,25,26,32～37,44 ❺-5,44
廃棄物処理法《はいきぶつしょりほう》 …… ❶-22,23,43
配水所《はいすいじょ》（給水所《きゅうすいじょ》） …… ❻-18
破砕機《はさいき》 …… ❺-25,27
パソコン …… ❶-25,37,44 ❹-28,29
パソコンのリサイクル …… ❹-28,29
発電 …… ❺-12,20,21,23,38,43
発泡《はっぽう》スチロール …… ❸-29
パルプ …… ❷-6～16,20,22,30,42
パルプモールド …… ❷-23
反毛《はんもう》 …… ❷-32,34,36,37,41,44
微生物《びせいぶつ》の働《はたら》き …… ❶-38 ❻-24,25,43
飛灰《ひばい》（ばいじん） …… ❶-25,27 ❺-13,18,19
びん …… ❶-25,36 ❸-42 ❺-6,7,9,30,31→ガラスびんも見よ
フードバンク …… ❶-19
フェルト …… ❷-36,37
不適正処理《ふてきせいしょり》 …… ❶-37
ふとんのリサイクル …… ❷-39
不法投棄《ふほうとうき》 …… ❶-36,37
プラスチック …… ❶-12,17,23,35,43 ❸-12,18,24～29,31～35,38,39,43,44 ❻-38,39,44
プラスチック製品《せいひん》のつくり方 …… ❸-26,27
プラスチックのつくり方 …… ❸-26
プラスチック製容器包装《せいようきほうそう》 …… ❶-23,25 ❸-28～31,43 ❺-30
プラスチック製容器包装《せいようきほうそう》の回収《かいしゅう》 …… ❸-28,29
プラスチック製容器包装《せいようきほうそう》のリサイクル …… ❸-30～33,43
プラマーク …… ❸-28,29,44
古着《ふるぎ》 …… ❷-30,32,35～38,41,44
フレーク …… ❸-32,33,39,43,44 ❺-31
フロン類《るい》 …… ❶-21,32,43 ❹-7,16,18,19,36,44
分別《ぶんべつ》 …… ❶-24,29,40 ❹-43 ❺-6,7,9,30,42～44
ペットボトル …… ❶-25,36 ❷-18,27 ❸-4,8,26～28,30,34～39,43,44 ❺-4,6,9,30,43
ペットボトルのゆくえ …… ❸-36
ペットボトルのリサイクル …… ❸-36～39,43
ヘドロ …… ❻-37
ペレット …… ❸-26,33,39,43,44 ❺-31
ポイ捨《す》て …… ❶-36 ❻-40

ま

マイクロプラスチック …… ❻-38～40,44
マテリアルリサイクル …… ❸-44
丸正《まるしょう》マーク …… ❸-5
水資源《みずしげん》 …… ❻-42
水の大循環《だいじゅんかん》 …… ❻-4,5
水俣病《みなまたびょう》 …… ❶-20,42 ❻-44
メタンガス …… ❶-21,27 ❺-22,23,36,43 ❻-27,43
モバイル・リサイクル・ネットワークのマーク …… ❹-26
燃《も》やさないごみ …… ❶-12,24,25 ❺-6,27,32,41,43
燃《も》やすごみ …… ❶-12,24,25 ❷-44 ❺-6,16,41,43

や

有害《ゆうがい》なごみ …… ❶-32,33
有料収集《ゆうりょうしゅうしゅう》 …… ❺-40,41
容器包装《ようきほうそう》リサイクル法《ほう》 …… ❶-23,44 ❸-28,29,36
洋紙 …… ❷-42,43
用水 …… ❻-6
溶融《ようゆう》スラグ …… ❺-19

ら

リサイクル（再生利用《さいせいりよう》） …… ❶-14,15,22,23,28,37 ❸-40 →それぞれの項目《こうもく》のリサイクルも見よ
リサイクルセンター …… ❺-28,30,43
リターナブルびん …… ❸-8～10,40,42
リターナブルびんのマーク …… ❸-8
リデュース（発生抑制《はっせいよくせい》） …… ❶-40 ❷-37,40,41
リペア（修理《しゅうり》） …… ❺-29
リユース（再使用《さいしよう》） …… ❶-4,14,37,40,44 ❷-34～37,40,41,44 ❸-40～42 ❹-9,34,38,43 ❺-28,29
レアメタル …… ❶-44 ❹-24～27,32,42,43
冷蔵庫《れいぞうこ》 …… ❶-12,16,17,21,37,43 ❹-4,6～8,18,19,21,22,42,44
冷蔵庫《れいぞうこ》のリサイクル …… ❹-18,19
冷媒《れいばい》 …… ❶-43 ❹-6,7,16,18,19,44
レジ袋《ぶくろ》 …… ❶-17 ❻-40

わ

和紙 …… ❷-24,25,42,43
ワンウェイびん …… ❸-8～10

英《えい》・数

3R《スリーアール》 …… ❶-40 ❷-37,40,41 ❹-40
PCB《ピーシービー》（ポリ塩化《えんか》ビフェニール） …… ❶-7,21,25,32,43 ❻-38,43
PET《ペット》樹脂《じゅし》 …… ❷-27 ❸-34,35,38,39,43 ❺-31
RPF《アールピーエフ》 …… ❷-22

監修

松藤 敏彦（まつとう　としひこ）

1956年北海道生まれ。北海道大学卒業。廃棄物工学・環境システム工学を専門とする。廃棄物循環学会理事(元会長)。工学博士。北海道大学名誉教授。ごみの発生から最終処分まで、ごみ処理全体を研究している。主な著書に、『ごみ問題の総合的理解のために』（技報堂出版）、『環境問題に取り組むための移動現象・物質収支入門』（丸善出版）、『環境工学基礎』（共著・実教出版）、『廃棄物工学の基礎知識』（共著・技報堂出版）など多数ある。

文……………………大角修
表紙作品制作……町田里美
イラスト…………大森眞司
撮影………………松井寛泰
デザイン…………倉科明敏（T.デザイン室）
DTP………………栗本順史（明昌堂）
校正………………鷹羽五月
企画・編集………渡部のり子・伊藤素樹（小峰書店）／大角修・佐藤修久（地人館）
協力………………JFEアーバンリサイクル株式会社／株式会社リーテム／株式会社エコアール
写真提供…………足立区立郷土博物館／一般財団法人家電製品協会／環境省／株式会社ケイ・ラボール／一般社団法人JBRC／住友金属鉱山株式会社／一般社団法人電池工業会／株式会社東芝／DOWAエコシステム株式会社

主な参考文献

環境省編『環境白書・循環型社会白書・生物多様性白書』『一般廃棄物処理実態調査結果』『環境統計集』『指定廃棄物の今後の処理の方針について』／松藤敏彦他『環境工学基礎』（実教出版）／松藤敏彦『ごみ問題の総合的理解のために』（技報堂出版）／廃棄物・３R研究会『循環型社会キーワード事典』（中央法規出版）／エコビジネスネットワーク（編集）『絵で見てわかるリサイクル事典―ペットボトルから携帯電話まで』（日本プラントメンテナンス協会）／高月紘『ごみ問題とライフスタイル―こんな暮らしは続かない』（日本評論社）／半谷高久監修『環境とリサイクル全12巻』（小峰書店）

調べよう　ごみと資源④
家電・スマホ・電池・自動車

NDC518　47p　29cm

2017年4月8日　第1刷発行　　2022年4月10日　第5刷発行

監修　　松藤敏彦
発行者　小峰広一郎
発行所　株式会社小峰書店　〒162-0066 東京都新宿区市谷台町 4-15
　　　　電話 03-3357-3521　FAX 03-3357-1027　https://www.komineshoten.co.jp/
組版　　株式会社明昌堂
印刷・製本　図書印刷株式会社

ISBN978-4-338-31104-5

Aプレス一時保管場所